流固耦合作用下 生土窑洞稳定性研究

LIUGU OUHE ZUOYONGXIA
SHENGTUYAODONG WENDINGXING YANJIU

姬栋宇 著

·长沙·

前 言

生土构筑物具有节约土地，就地取材，施工简单，成本低，环境污染少等优点，靠崖窑作为典型的生土建筑和节能建筑，在我国陕西、甘肃、宁夏、山西、河南和河北等地区广泛分布。但由于窑洞构筑材料本身具有强度低、差异性大、变形大、抵抗破坏的能力差等特点，窑洞一旦受到降雨、滑坡、人工活动、地震等影响，材料的性能将进一步被弱化，极容易造成窑洞结构的变形、裂缝、坍塌甚至破坏，所以窑洞土体结构的稳定性和加固措施是研究的重点内容。

生土窑洞是赋存于土体中的构筑物，其窑洞土体结构的力学特性与位移变形计算、稳定性评价和窑洞加固技术等问题主要受材料力学特性的影响，包括渗透、蠕变、固结和断裂等特性。通过现场大量调查，总结出靠崖窑洞的破坏模式及统计规律，并对其窑洞结构尺寸效应进行研究，寻找规律性；在靠崖窑结构的稳定性分析中，考虑降雨渗流、结构性土体的断裂、土体的固结、土体材料强度和蠕变变形的时效性等作用对其影响，为窑洞的稳定性研究和加固措施提供依据；通过合理有效的加固技术对窑洞土体结构的防灾减灾提供保障。

本书一共有7章，具体安排如下：

第1章是绪论，分别从窑洞研究的背景、窑洞研究的意义、靠崖窑稳定性的研究现状、类同土质边坡结构稳定性的研究现状与发展和靠崖窑土体结构稳定性的求解方法等方面进行论述，从靠崖窑土拱曲线的结构力学计算理论出发探讨靠崖窑结构的变形特征、破坏模式，综合考虑窑洞土体固有的力学特性并结合数值模拟技术分析靠崖窑的稳定性问题，并提出有效的加固措施。

第2章是靠崖窑土体结构弹塑性和裂隙特性的研究，主要介绍在土体材料已有研究的基础上，运用结构力学、岩土力学、弹塑性力学等力学理论知识对土拱曲线的构造特点、受力特点、窑洞土体的变形特点等进行弹塑性分析；针对结构性黄土裂隙特点，运用断裂力学知识，建立分析模型以及对裂隙尖端应力强度因子的计算式进行推导。

第3章是窑体结构破坏的可靠性和统计分析，根据在现场调查的尺寸数据来进行统计分析，就靠崖窑结构的破坏类型找其规律性，再通过可靠度指标搜索最不利的尺寸范围，最后通过遗传全局优化算法对靠崖窑纵向裂缝的尺寸效应进行搜索，找到合理的拱曲线和窑洞的构造尺寸。

第4章是流固耦合作用下靠崖窑稳定性研究，主要针对靠崖窑土体结构的特点，探讨饱和、非饱和非稳定降雨渗流对靠崖窑土体结构稳定性的影响，并运用有限差分数值方法进行算例验证评价，重点讨论流固耦合作用下对靠崖窑土体结构的孔隙水压力、塑性区和垂直位移的变化特征，并给出一些初步的研究成果。

第5章是窑室土体结构蠕变固结效应的稳定性研究，从窑洞土体的位移变形出发，利用土体的蠕变力学理论，根据蠕变模型理论的适用性和有效性的特点，建立适用于窑洞土体长期强度和稳定性的非线性蠕变模型，并进行计算参数的辨识，给出蠕变固结作用下靠崖窑的稳定性分析结果及其实施过程。

第6章是渗流条件下窑体加固结构的时效稳定性分析，主要研究类似洞室土质边坡的特点，其稳定性受内外因素的干扰，土体节理裂隙的结构性特征对其影响，以及寻找合适有效的加固措施。

第7章是结论与展望，总结了靠崖窑构筑物是典型的土体工程，采用理论推导、实例验证，运用结构力学、渗流力学、弹塑性力学、蠕变力学、断裂力学、数理统计、智能算法和大型适用的有限差分软件FLAC3D及计算机高级语言VC++，针对靠崖窑变形和破坏的特点，分别进行了窑体结构稳定性和加固措施的研究。由于窑洞土体材料在本身物理力学特性和分析理论的多样性、复杂性、不确定性等因素，使得理论研究和工程应用还有很多问题亟待解决。

本书在写作过程中，参与并借鉴了相关专家学者的研究成果和观点。在此表示最诚挚的感谢！另外，受时间和精力所限，书中难免出现不足之处，请批评指正。

著者

2020年5月

目 录

第1章 绪论

1.1 研究背景与意义

1.1.1 窑洞研究的背景

生土构筑物具有节约土地，就地取材，施工简单，成本低，环境污染少等优点，能基本满足人类生活的需要，故一直在我国陕西、甘肃、宁夏、山西、河南和河北等地区广泛应用至今。生土建筑在我国已经经历了几千年的发展演化，是古老中华灿烂文明的佐证和重要遗产之一[1]。而生土民居建筑作为我国传统的五大民居之一(生土民居、福建民居、浙江民居、赣粤民居、西南民居)，其中生土窑洞构筑物是我国最具独特的传统乡土民居建筑，具有冬暖夏凉、保温隔热、因地制宜等特点。据统计现在我国大约还有4000万人居住在各类型的窑居中，窑洞建筑总面积已超过2亿m^2，这已成为当今世界上建筑面积最大的地下工程群体[2]。

窑洞建筑作为生土建筑，具有节约土地、节约能源和绿色环保等建筑节能显著特点，已经被建筑科技工作者作为典型的节能建筑所重视和推崇，这已成为事实，因此对窑洞建筑的传承和发展是非常有必要。目前，国内对生土建筑的研究也主要集中在生土建筑的结构与构造、窑室布局和表现等方面，并且其研究文献资料也不多，而对窑洞土体结构的力学特性与位移变形计算、稳定性评价和窑洞加固技术的研究缺乏系统的理论和应用研究，在这方面的研究文献知之更少。这些事实充分表明要建立合理的窑洞格局和窑洞使用过程中的安全性这对当前科技工作者是一次严峻性挑战，也是时代赋予我们的历史使命和责任。

目前，我国各地区都在进行大规模的交通建设、矿山开采、房屋构筑、地下水开采等各类型工程活动，这些活动已对窑洞现有的稳定性造成了重要的影响，又加上最近几年地质灾害的频频发生和窑居人民专业技术和自我防范意识的缺乏，对窑洞的稳定性状况不能进行定量的分析，同时在窑洞使用过程中所出现的窑室裂缝、局部坍塌、雨水渗透、破坏变形、加固部件受损等安全隐患问题分析不透彻，甚至不甚了解，种种原因显示窑居人民的生命安全在日常生活中得不到保障，一旦灾害发生将造成重大的生命财产损失。现有很多贫困户居住的土窑已年久失修，由于暴雨洪水、滑坡泥石流、地震等自然灾害已经造成了窑洞房屋的倒塌，使得大量的灾区人民流离失所，广大窑居人民群众随时面临着生命危险。见表 1－1。这是与建设和谐社会主义国家的路线、方针、政策相悖的。

表 1－1　我国窑洞灾害部分实例

地区	时间	灾害原因	损失
陕西绥德县	1972 年	窑洞崩塌	塌方 9600m^3，死亡 58 人
陕西延川县	1997 年	窑洞坍塌	塌方 9588m^3，死亡 15 人
陕西榆林地区	2003 年	强降雨	15 万间窑洞倒塌，直接损失 17.8 亿元
陕北 4 县	2004 年	窑洞坍塌	危及人口 5000 余人
宁夏同心县	2007 年	降雨窑洞倒塌	死亡 3 人
陕西子洲县	2008 年	窑洞坍塌	死亡 6 人

1.1.2　窑洞研究的意义

生土窑洞的结构体系不同于中国传统建筑，生土窑洞完全由挖凿成型的纯原状土拱体作为窑洞的自支承体系，没有任何其他支护[3]，这已表明窑洞的几何构造及形式蕴含着我国劳动人民丰富的智慧和巧智的匠艺[4]。

虽然窑洞构筑物具有文中所归纳的优点，但由于窑洞构筑材料本身具有强度低、差异性大、变形大、抵抗破坏的能力差、窑洞一旦受到降雨、滑坡、人工活动、地震等影响，材料的性能将进一步被弱化，极容易造成窑洞结构的变形、裂缝、坍塌甚至破坏。为此本书结合国家“十一五”科技支撑计划课题(2006BAJ04A02)，在豫西北地区已开展了大量窑洞的现场调查和统计分析，并重点针对生土靠崖窑的破坏原因与特征、结构性黄土的力学特性进行了窑洞土体的破坏统计分析(主要通过统计和可靠性理论)、降雨渗流场与应力场耦合条件下窑洞土体结构的力学计算(主要包括应力、应变、位移、塑性区的黏弹塑性计算和断裂力学计算)、稳定性评价(安全系数的计算)、土拱曲线尺寸的优化选型(遗传全局优化算法)和加固(主要为短锚杆柔性支护)等方面进行了较深层次的探讨，这对窑洞结构的定量计算与安全评价以及保护和传承生土窑居建筑文化具有重要的意义。[5]

1.2 靠崖窑的研究现状与发展

1.2.1 靠崖窑稳定性的研究现状

根据窑洞的开挖方式和赋存条件的不同，窑洞住居的主要形式有：靠崖窑、窑院和箍窑三大类[4]，如图1-1所示。其中靠崖窑是从黄土层的断崖处水平地挖进去，可以成台梯多孔分布，窑洞的承重结构除洞口部分外均系黄土，拱顶一般选用半圆拱，窑脸多为土坡，属最简单的窑居形式；窑院是在平整的塬面上向下挖一个四方坑，作为内院，坑的四边形成土壁，并在每壁上挖窑洞形成四合院，即窑院；箍窑就是用土坯砌筑的筒形拱，是一种掩土的拱形房屋，这种窑洞无须靠山依崖，能自身独立。

靠崖窑的窑址通常选在自然冲沟形成的天然崖面或自然形成的天然土塬断面上。利用冲沟、断崖直接挖掘，也有人工挖沟掏窑，窑门在山崖边，是在天然形成的黄土立壁上直接横向向纵深掏挖洞穴，该类窑洞只能平列布置，可以向深处发展，但窑洞较狭窄。因临崖面范围空气、阳光较充足，通常安排为炕、

(a)窑院

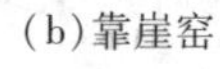

(b)靠崖窑

(c)

(d)

图1-1 窑洞类型

灶及其生活起居。窑面及窑室内部通常是土顶和壁，有时用砖进行镶面来保护土层不坍塌，因此这就决定了靠崖窑结构的稳定性与土体力学性能和土体结构的稳定性密切相关。然而，目前土体结构稳定性的研究主要集中在交通土质边坡、土坝、地下建筑、地下矿山、地下国防、水利水电等工程的研究，在生土窑洞稳定性的研究工作并不多见。

从20世纪80年代，我国对窑洞的研究虽然取得了一些成果，但主要偏重于窑洞建筑形态方面，在窑洞的布局、整体规划、空间处理、几何构造等进行了研究，如曹源[6]对地坑窑的水井和集水井进行了优化设置，并通过水循环系统对现有水井进行了改进，这种改进对其他形式建筑的节能改造有所借鉴；童丽萍[7]根据黄土层的分布情况，对黄土窑洞的构造参数，选址方面进行了研究指出了黄土材料是最理想的保持生态自然系统中物质流与能量流平衡的材料；刘小军[8]通过比较分析砖石窑洞和黄土窑洞的优缺点，得出了黄土窑洞的独特优势。然而对于结构的力学计算、稳定性评价和加固技术等方面的研究不但较少，而且在系统的理论分析和应用方面非常匮乏。大量窑洞灾害实例表明，窑洞结构的力学计算、评定性分析和加固技术是窑洞工程研究极其重要的内容，并且其研究过程还相当复杂，涉及力学、结构、数学、地质、实验等多学科交融，然而以上方面现有的研究主要在洞顶结构的经验选型和简单的数值模拟这一块，缺乏系统的分析研究。卫峰等[9]通过现场调查土窑洞受震害的实例，分析了土窑洞的震害特征及破坏机制，提出了土窑洞的抗震构造措施。陈国兴[10]通过对崖坡地震稳定性的拟静力分析，得出了崖坡的临界高度和黄土崖窑洞的地震破坏判据。童丽萍[11]利用有限元数值技术对窑洞七种拱形的构造尺寸进行了位移计算，从而揭示了传统生土窑居土拱体系的合理性、可靠性和科学性。石磊[2]运用数值计算方法研究不规则窑顶的稳态传热，并得出导热形状系数和传热系数的计算公式，为窑洞的设计和研究提供方便。张玉香[12]详细地划分了窑洞的类型，分析了窑洞常见的破坏形式和最常见土坯砌筑的半明半暗式窑洞的受力情况，提出了窑洞的防治措施。吴成基[13]根据大量黄土窑洞的现场调查，对窑洞坍塌的原因进行了分析，提出了黄土窑洞建造时在高度和坡度方面的技术措施。刘小军[8]通过现场调查研究，总结出了黄土窑洞的病害类型，初步地提出了防病害措施。

1.2.2 类同土质边坡结构稳定性的研究现状与发展

根据靠崖窑结构和赋存条件等特点，在靠崖窑土体结构的各种力学计算、稳定性评价和加固技术等方面与含地下洞室土质边坡的相关研究极其类似，因此可以运用该方面的研究理论与工程实践来研究靠崖窑土体结构以上方面的内容。在土质边坡系统的理论研究中，我国是从20世纪50年代开始的，并已取得了一系列的工程实践和基础理论成果，加上社会经济的快速发展，大型工程的建设项目不断涌现，这对边坡工程的研究日益广泛和深入同时也对现有的窑洞稳定性造成了一定的影响，该如何经济、有效地保证靠崖窑结构的稳定性就显得十分迫切地需要。然而在地下洞室方面的研究，我国起步更晚，很多理论的运用与工程实践大都是基于工程实践和工程类比，严重地制约和阻碍地下工程的发展[14]。

结合土质边坡形成的方式，无论是自然边坡还是人工边坡，边坡构筑物的稳定性主要受坡体土质材料的物理力学性能和外界各种环境的影响[15]，这一点靠崖窑与土质边坡的稳定性是相同的，即都主要受土体构筑材料和外界环境改变的影响。概括地说，土体工程的稳定性因素主要分为内在因素和外部因素，其中内在因素主要包括组成土体结构物的土层结构、构造、矿物成分等，这方面的研究文献资料较多，同时这些内在因素对土体的影响是长期而缓慢的，是土体构筑物变形破坏的先决条件。它们决定了靠崖窑土体变形的形式和规模，对靠崖窑结构的稳定性起着控制作用；而外部因素主要包括风化作用、水文地质、振动、土体构筑物形态、人类的工程作用以及气象条件、植物生长等等。这些因素对土体结构物的变形和破坏的影响是比较明显和迅速的，但它们只有通过内在因素才能对靠崖窑土体结构的稳定性起着破坏作用，或者促进靠崖窑土体变形的发生和发展[16]。靠崖窑土体结构的变形和破坏，实质上是内在的和外部的各种影响因素的综合作用结果。

现在国内外对于边坡土体结构的稳定性已进行了相当广泛的研究，并取得了许多研究成果，主要集中在边坡土体的力学计算、土体力学参数的工程处理、稳定性评价理论和安全系数的求解等方面，其中安全系数又是表征土质边坡稳定与否的关键评价量，目前对于土质边坡的安全系数定义较为公认和应用较多的有如下三种形式[15]：

(1)强度储备安全系数

$$1=\frac{\int_0^l\left(\frac{c}{F_{\mathrm{s1}}}+\sigma\frac{\tan\varphi}{F_{\mathrm{s1}}}\right)\mathrm{d}l}{\int_0^l\tau\mathrm{d}l}=\frac{\int_0^l(c'+\sigma\tan\varphi')\mathrm{d}l}{\int_0^l\tau\mathrm{d}l} \tag{1-1}$$

上式将土体强度指标的储备作为安全系数定义的方法是被国际工程界广泛认可和承认的一种方法。这种安全系数的计算是在降低滑体的抗滑力，而不改变滑体的下滑力，在极限平衡状态时取其值，物理意义明确。不过土体的抗剪强度参数有两个：黏聚力 c 和内摩擦角 φ，上式中却只有一个安全系数，这就意

味着 c 与 $\tan\varphi$ 在计算过程中是按同一比例进行折减。

（2）超载储备安全系数

$$1=\frac{\int_0^l(c+F_{s2}\sigma\tan\varphi)\mathrm{d}l}{F_{s2}\int_0^l\tau\mathrm{d}l}=\frac{\int_0^l\left(\frac{c}{F_{s2}}+\sigma\tan\varphi\right)\mathrm{d}l}{\int_0^l\tau\mathrm{d}l}=\frac{\int_0^l(c'+\sigma\tan\varphi)\mathrm{d}l}{\int_0^l\tau\mathrm{d}l} \tag{1-2}$$

超载储备安全系数是将载荷（这里主要为土体自重）增大 F_{s2} 倍后，土体结构将达到极限平衡状态，取其计算值，即安全系数。从上式可以看出此值相当于折减土体黏聚力 c 值的强度储备安全系数，然而，对无黏性土（$c=0$）采用超载储备安全系数进行计算，并不能提高边坡的稳定性。

（3）下滑力超载储备安全系数

$$F_{s3}=\frac{\int_0^l(c+\sigma\tan\varphi)\mathrm{d}l}{\int_0^l\tau\mathrm{d}l} \tag{1-3}$$

增大下滑力超载储备安全系数是将滑裂面的下滑力增大 F_{s3} 倍后，坡体将达到极限平衡状态，此时就相当于增大荷载（这里主要为土体自重）引起的下滑力项，而不改变荷载引起的抗滑力项。一般情况下也就是滑体的自重应力增大 F_{s3} 倍，而实际上滑体的自重应力增大的同时不仅使下滑力增大，也会使摩擦力增大，因此下滑力超载安全系数计算较紊乱，不符合工程实际，不宜采用。

然而，在土质边坡稳定性分析研究中，广大科研工作者和工程师们对安全系数的求解式还比较单一，很少直接考虑外在环境因素和土体的力学特性对其稳定性的影响，无论是解析解还是数值解所得到的计算结果只能表现出稳定性的单一因素、个别情况、瞬时特性、片面性等，很少对边坡土体的破坏演化规律做出预测预报。然而关于边坡土体结构和靠崖窑土体结构各种失效模式的可靠性研究、降雨渗流条件的稳定时效性、窑洞土体裂隙的断裂力学和蠕变力学耦合特性以及土体结构尺寸优化等方面的研究文献甚少，其理论成果落后于工程实践，这显然与实际是不符的。

土质边坡稳定性计算方法的分析研究涉及力学、工程地质学、工程数学、优化理论、工程结构、现代计算技术等多学科专业知识相融合，其研究历史已达100余年。到目前为止，土质边坡稳定性的评价方法主要经历了三个阶段，即从传统的定量计算评价方法阶段、数值计算方法阶段到目前采用的新理论、新思维与新方法综合评价阶段[15]。

第一阶段采用的主要是工程地质分析，工程类比法和极限分析和极限平衡法。其中工程地质分析和工程类比法实质是一种工程经验方法；而极限分析和极限平衡法是通过潜在滑体的受力分析，引入摩尔－库仑强度等塑性屈服准则，根据滑体的力(力矩)平衡方程，建立边坡安全系数的表达式，并进行定量评价分析，这种方法由于安全系数的直观性和计算的简单性至今仍被广泛采用。

第二阶段始于20世纪60年代，主要是数值计算技术被引入到土木工程，土质边坡的稳定性评价得到了很大的发展。其中数值计算方法主要包括：从早期的有限差分法(Finite Difference Method)，有限单元法(Finite Element Method)，边界单元法(Boundary Element Method)到近些年出现的主要针对岩土介质的离散元法(Discrete Element Method)，关键块体理论(Key Block Theory)，非连续变形分析(Discontinuous Deformation Analysis)，运动单元法(Kinematical Element Method)，刚体有限元法(Rigid Finite Element Method)，快速拉格朗日分析法(Fast Lagrangian Analysis，FLAC)，数值流形方法(Numerical Manifold Method)等数值计算技术。数值方法能从土体结构的较大范围充分考虑介质的复杂性，能全面分析边坡土体结构的应力、应变、位移等状态，有助于对土体边坡的变形和破坏机理认识，较工程地质分析、工程类比法和极限分析和极限平衡法有了很大的改进和补充。

第三阶段的研究始于20世纪70年代，这个阶段一些新理论、新思维和现代评价方法在边坡分析中得到广泛应用，如可靠性理论、模糊数学、随机过程、概率论与统计、灰色预测理论、混沌、分叉、分形等非线性理论，以及人工智能与神经网络、损伤力学、断裂力学、流变力学等，显示了良好的应用前景。在土质边坡稳定性的非线性本构模型、滑坡系统的自组织特性、边坡土体结构的变形特征、边坡结构失稳的分岔与突变本构模型、边坡稳定性判别的灰色系统理论等新思维、新知识方面取得了若干成果。这些新思维、新方法和新理论大大推动了土质边坡稳定的研究进展，但由于它们仍处于探索阶段，在求解过程中仍还存在很多不足，如：滑坡系统关键参数的选择往往受到实际长期观测资料的限制，又加上资料本身的误差影响滑坡过程中的非线性本构方程的建立；

同时对于土质滑坡的自组织学习特征，由于土质边坡系统的内部和外部之间存在相互作用和复杂耦合机制，甚至还不清楚，这样很难建立适用合理的模型来分析和研究，而只能通过工程处理对这些系统的宏观参数进行取值和数值分析来研究系统的复杂性。

这些新理论、新思维和新方法的出现反映出目前土木工程界中研究人员主要集中于传统的正向思维，即系统思维、反馈思维、全方位思维(包括逆向思维、非逻辑思维等)的发展。然而各种新技术、新方法、新理论的引入有其优越性，并与上述评价方法的耦合仍是目前发展的主趋势。

针对我国边坡稳定性的研究从解放到现在大致可分为以下几个阶段[15]。

20世纪50年代，我国主要是从研究铁路路堑边坡和引水渠道边坡开始的，采用工程地质分析和工程地质类比法给出稳定的边坡角和边坡高度，将这两个指标作为边坡设计的主要依据。

20世纪60年代，我国主要是针对岩石边坡的特点，开始形成了岩石边坡结构及力学控制的观点，划出了土质边坡结构类型，并将岩石边坡应用赤平极射投影技术，得出了较好的效果，同时提出了实体比例投影方法用以进行岩石块体破坏的计算，判断边坡的稳定性，在土质边坡稳定性分析方面进步较慢。

20世纪70年代，我国已开始进行了边坡破坏机制的研究。在计算方面，不仅应用了极限平衡和极限分析原理，还应用了弹塑性力学、流变力学等固体力学理论，并且随着计算机计算技术的发展，广泛应用平面有限单元法来分析各类边坡的变形破坏条件及评价边坡的稳定性。在70年代末，已经形成了一套比较完整实用的地质力学学术理论和方法。这在研究边坡稳定性理论求解问题上，积累了较丰富理论和工程实践经验。

20世纪80年代以来，我国通过引入各种计算方法，边坡稳定性研究进入到比较全面的发展阶段，并且建立了典型边坡“工程地质模型”，尤其是对岩石边坡稳定性的理论研究和工程应用，工程地质认识是一个质的飞跃；另一方面，随计算理论及计算机技术的发展，各种数值模拟计算已广泛应用于边坡稳定性研究，且逐步从定性过渡到半定性、半定量研究边坡变形破坏过程及内部作用机制过程，并从整体上认识边坡变形破坏机制，认识边坡稳定性的发展变化。与此同时学科之间的相互渗透使许多与现代科学有关的系列理论方法，如系统论、非线性科学、不确定性等研究方法被引入边坡稳定性研究，从而使其进入一个新阶段。

在这期间，我国在岩土边坡稳定性研究的许多方面也做出了重大的贡献，其主要标志：

20 世纪 70 年代潘家铮在滑坡稳定性分析理论中提出了滑坡极限分析的两条基本原理：极大值原理和极小值原理，他在 1980 年指出了国外有些文献资料中将“极大”改为“极小的”错误。并同时指出，这两条原理是相辅相成的，是指导滑坡极限分析的理论准绳。

1978 年张天宝通过对土质边坡安全系数的大量试算和总结，提出了在确定最危险滑弧位置方面较费兰纽斯的 MM′线，方捷耶夫的扇形面积等经验方法更为准确的方法。

1981 年，孙君实利用虚功原理，根据 D. C. Drucker 公设，证明了潘家铮的极大值定理；利用模糊数学工具，提出了安全系数的模糊解集和最小模糊解集概念。同时于 1985 年，他根据索科洛夫斯基推导的极限稳定边坡原理，提出“等 K 边坡”概念。

(1)极限平衡法[17~21]

极限平衡法是目前土质边坡稳定性计算中应用最常用的方法，极限平衡法的基本思路是：假定边坡岩土体是刚体，其边坡滑动破坏是由于滑体内潜在滑动面(带)上的岩土体的剪力超过其抗剪强度时，滑动土体发生滑动而造成的。这时滑动面(带)上岩土体的力学状态服从破坏条件或塑性屈服条件，在安全系数计算过程中假设边坡的滑动面已知，其形状可以为平面、圆弧面、对数螺旋面或其他不规则曲面组成，通过对滑动面形成隔离体进行静力平衡计算与分析，确定这一滑动面发生滑动时的破坏荷载。极限平衡法计算简单，土体力学参数容易获取，求解公式物理意义明确，在我国边坡工程设计和施工过程中已被写入规范。常见的极限平衡分析方法如表 1－2 所示。

表 1－2　极限平衡分析方法

时间，年代	代表人物	理论方法
1773	(法)库仑(C. A. Culomb)	土压力理论
1857	(英)朗肯(W. J. M. Rankine)	
1916	彼德森(K. E. Petterssson) 胡尔顿(S. Hultin)	圆弧滑面分析法 瑞典圆弧法

续表 1－2

时间，年代	代表人物	理论方法
20 世纪 40 年代以后	泰勒（D. W. Taylor） 毕肖普（A. W. Bishop） 拉姆里和包洛斯	
1923	瑞典费兰纽斯（W. Fellenius）	
1941	太沙基（K. Terzaghi）	太沙基理论
1954	简布（N. Janbu）	普遍条分法
20 世纪 60 年代以后	潘家铮	极大值和极小值原理

由于经典力学对边坡稳定解析解的求解是非常严格的，使其用于边坡土体工程的求解极为有限，但也为数值技术求解研究边坡工程的问题开拓了广阔空间。数值计算方法可以把力学中的微分方程或积分方程或多未知量问题划归为大型线性方程组去求解。同时工程计算技术的发展，使长期困扰工程力学，回避求解大型方程组的问题已得到解决，这是历史性的大变革，这为研究边坡土体工程以及其他土体工程的问题提供了强有力的工具。

（2）数值计算方法[22～37]

1）有限单元

有限单元法是数值模拟方法在边坡稳定评价中应用得最早的方法，也是目前最广泛使用的一种数值方法，可以用来求解弹性、弹塑性、黏弹塑性、黏塑性等问题。其优点是部分地考虑了边坡岩土体的非均质和不连续性，可以给出岩土体的应力、应变大小和分布，避免了极限平衡分析法中将滑体视为刚体而过于简化的缺点，可近似地根据应力、应变规律去分析边坡的变形破坏机制；但它还不能很好地求解大变形和位移不连续问题，对于无限域、应力集中等问题的求解还不理想。

2）边界单元

边界单元法将单元布置于边界，有降维的作用，即二维问题可用一维的单元，三维的问题用二维的单元，因此数据的准备工作量小，求解的方程组少，计算效率高。边界单元法很适用于求解岩土力学中经常遇到的无限域和半无限域的问题。

边界单元法和有限元法都是解决边值问题的数值方法，它们的主要区别在于边界单元法是“边界”方法，有限单元法是“区域”方法，因此使用边界单元有降低维数的效果。边界单元法中的位移不连续法虽然还能对岩体中的断层、裂隙等各种不连续面进行较好地处理，但是，在处理非均质问题和非线性问题方面，不如有限单元法灵活。如果将这两种方法结合起来，在求解域的近处用有限单元法来考虑不均质的情况，而在稍远处用边界单元法考虑无限域的远场条件，则可能是解决复杂岩土力学问题的一种更好的方法。

3)离散单元

自从 Cundall 首次提出离散单元 DEM(distinct element method)模型以来，这一方法已在岩土工程和边坡问题中得到日益增长的应用。离散单元法的一个突出功能是它在反映岩土体之间的接触面的滑移，分离与倾翻等大位移的同时，又能计算岩土体内部的变形和应力分布。因此，任何一种岩土材料都可引入到模型中。

4)不连续变形

由石根华与 Goodman 提出的块体系统不连续变形分析(Discontinuous Deformation Analysis)是基于岩土体介质、非连续性发展起来的一种崭新的数值分析方法。DDA 法是具有限单元与离散单元法二者之部分优点的一种数值方法，其一个时步内的求解过程更像有限单元，而在块体运动学求解方面更类似于离散单元。但是，岩土体种类繁多，性质极为复杂，计算时步的大小对结果影响很大，且需耗用大量计算机内存及计算时间，计算方法的优化和改良还有待进一步研究。

5)有限差分拉格朗日法

为了克服有限单元等方法不能求解大变形问题的缺陷，人们根据有限差分法的原理，提出了 FLAC(Fast Lagrangion Analysis of Continue)数值分析方法。该方法较有限单元法能更好地考虑岩土体的不连续和大变形特性，求解速度较快。它已有不少商用程序，它无须建立刚性矩阵，所需内存少，时间少。但也有不足之处，其主要缺点是计算边界、单元网格的划分带有很大的随意性。

6)数值流形与无网格法

石根华通过研究 DDA 与有限元的数学基础，于 1995 年提出了 DDA 与有限元法的统一形式——数值流形方法 NMM(Numerical Manifold Method)。NMM 以流形分析中的有限覆盖技术为基础，使得连续体、非连续体的整体平衡方程都可以用统一的形式来表达。无单元法可看作是有限元法的推广，它采用了一种特殊的形函数及位移插值函数，能够反映在无穷远处的边界条件，近年来已比较广泛地应用于非线性问题、动力问题和不连续问题的求解。其优点是有效地解决了有限元方法的“边界效应”及人为确定边界的缺点，在动力问题中尤为突出，显著地减小了求解规模，提高了求解精度和计算效率。

7）界面元

文献[38]提出了基于累积单元变形于界面的界面应力元模型，建立了适用于分析不连续、非均匀、各向异性和各类非线性问题、场问题，以及能够完全模拟各类锚件复杂空间布局和开挖扰动的界面元理论和方法，为复杂岩土体的仿真计算提供了一种新的有效方法。

（3）其他评价方法

1）风险分析[39]

Gasagrande（1965）指出，风险作为一种用来考虑和评估工程实践中诸多不确定和无法预测因素而导致工程失事的一种手段，是所有岩土工程中先天固有的。风险分析和风险管理是近几年来在岩土工程领域兴起的一门新兴学科技术。目前，在工程实践中的应用远没有达到成熟的地步，有待于进一步验证。

2）可靠性的应用[40~45]

在 1972 年召开了统计学和概率论在土工和结构工程方面应用的国际学术会议，会议上发表了不少概率论和统计学在土体工程中应用的文章，系统地论述了有关于沉降概率分布、地基承载力概率分析、岩土参数概率模型、渗透问题、岩土参数统计规律、挡土墙可靠性分析等问题。基于材料参数的不确定性、计算模型的不确定性和安全评价准则的不确定性，加上近年来随机有限元和蒙特卡罗模拟在土力学中的应用，可靠性在土木工程中的应用已得到重视和发展，其研究也十分活跃。

3）AutoCAD 的应用

在进行土工分析、设计时，可以用到 AutoCAD 强大和实用的图形功能，进行自动化及智能化绘图，这在有限元分析前后处理应用中发挥着很大作用。陈枫在文献[46]中通过应用 CAD 结合数据库技术和 OpenGL 图形技术对边坡工程求解得出了直观、准确的结果。

4）计算机仿真技术[47, 48]

系统仿真技术是近 20 年发展起来的一门新兴技术科学。仿真就是利用模型对实际系统进行试验研究的工程，在岩土边坡工程中的应用。如长江三峡工程库区边坡滑体变形与失稳的仿真研究，对于库区的航运规划，边坡布置，居住区的布置起到了很大的作用。

5)粒子群算法

粒子群优化算法是一种进化计算技术，是一种基于迭代的优化工具，其优势在于简单容易实现，收敛速度快，算法精度较高并且没有许多参数需要调整。文献[49]中将粒子群算法应用到土木工程中，提出了用粒子群优化算法(PSO)搜索边坡最危险滑动面及其对应的最小安全系数的方法，该方法能有效快速地得到结果。

6)土体固有力学属性对边坡稳定性的影响

土体材料蠕变、固结和断裂特性是该类材料固有的力学属性，对边坡稳定性有显著的影响，目前在土质边坡和靠崖窑土体稳定的理论研究中，该方面的相关成果很少，且大都运用线性分析方法对其进行研究[50~59]。

1.2.3 靠崖窑土体结构稳定性的求解方法

根据上述，窑洞土体结构的稳定性求解方法与含地下洞室土质边坡结构稳定性的求解方法是完全相同的。然而上述各种求解计算方法又已取得了很大进展，在计算过程中各有其特点，见于技术人员知识层次的差异性和各方法求解的合理性，一般在中小型工程中人们仍习惯采用各种极限平衡法。对于大型复杂的工程，普遍认为用极限平衡法和极限分析法是难以或无法解决的，而有限单元法、有限差分法、离散单元法、边界元法等数值计算方法都已有大型的计算软件，可以得到合理的解，这些方法将成为主要的分析方法。

1.3 本书研究的目标和主要内容

1.3.1 研究目标

生土窑洞是赋存于土体中的构筑物，其窑洞土体结构的力学特性与位移变形计算、稳定性评价和窑洞加固技术等问题主要受土体材料力学特性的影响，包括渗透、蠕变、固结和断裂等特性。通过现场大量调查，总结出靠崖窑洞的破坏模式及统计规律，并对其窑洞结构尺寸效应进行研究，寻找规律性；在靠崖窑结构的稳定性分析中，考虑降雨渗流、结构性土体的断裂、土体的固结、土体材料强度和蠕变变形的时效性等作用对其影响，为窑洞的稳定性研究和加固措施提供依据；通过合理有效的加固技术对窑洞土体结构的防灾减灾提供保障。

1.3.2 主要研究内容

上述内容回顾了生土窑洞在我国分布的情况和类型，重点强调了靠崖窑洞和边坡土体结构稳定性分析方法的现状。本文首先从靠崖窑土拱曲线的结构力学计算理论出发探讨靠崖窑结构的变形特征、破坏模式、综合考虑窑洞土体固有的力学特性并结合数值模拟技术分析靠崖窑的稳定性问题，并提出有效的加固措施。同时本文是结合国家“十一五”科技支撑计划课题(2006BAJ04A02)，在已开展现场调查统计的基础上进行的理论与应用研究，主要研究内容如下：

(1)分析靠崖窑土体结构的变形特点、破坏模式和破坏影响因素；

(2)运用断裂力学理论对结构性黄土的裂隙进行了分析；

(3)运用数理统计理论研究靠崖窑影响因素下的破坏规律和尺寸效应对靠崖窑稳定性的影响；

(4)运用遗传全局最优化算法对靠崖窑土拱曲线进行优化选型；

(5)基于多孔连续介质饱和非饱和渗流理论，研究流固耦合作用下窑洞土体结构的变形规律和稳定性评价，建立渗流-应力作用下靠崖窑洞的理论模型和数值模型，结合显式拉格朗日有限差分软件 FLAC3D 中的降雨渗流计算模块，通过分析求解多台阶多孔靠崖窑的孔隙水压力、位移和塑性区的分布特征，提出破坏规律；

(6)根据土体材料固有的蠕变固结力学特性，提出了适应靠崖窑土体结构变形的非线性蠕变模型。采用 VC++高级程序语言编写了改进的 Burgers 非线性蠕变模型程序，并在 VS 2005 中形成动态链接库，再结合显式拉格朗日有限差分软件 FLAC3D，并对三孔一列和五孔一列台梯形靠崖窑土体结构在蠕变、固结、瞬时和固结蠕变四种情况下比较靠崖窑垂直位移的分布，探讨其结构的稳定性及预测预报窑洞灾害的发生；

(7)通过现场调查结果和理论计算提出全锚固柔性支护系统在靠崖窑洞加固中的应用，并综合考虑渗流-蠕变-固结的影响，探讨靠崖窑的稳定性。

第2章 靠崖窑土体结构弹塑性和裂隙特性的研究

2.1　引言

靠崖窑是从黄土层的断崖处水平地挖进去，可以呈单孔、多孔一列、多孔台梯形分布，窑洞的承重结构除洞口部分外均系黄土，土拱一般选用半圆和双心圆拱，窑脸多为陡倾角的土坡，属最简单的窑居形式。其中拱曲线的选型和窑体结构的变形是窑民们很关注的话题。根据靠崖窑的赋存条件、开挖形式以及窑洞周围土体的力学特性等状态因素，通过理论分析和算例验证表明：这些状态因素对窑洞结构的弹塑性变形和稳定性会产生显著的影响。

生土窑洞结构的弹塑性变形体现在土体变形方面，而土体是一种强度比较低的材料，极易受到外界环境的影响发生塑性变形甚至破坏。通过对窑洞灾害实例的分析与归纳，其变形破坏的主要类型有：窑脸剥落和碎落、窑顶局部滑塌、窑洞整体滑塌、窑洞裂缝、洞内土层剥落、窑内渗水和窑洞冒顶等形式。

本章是在对土体材料已有研究的基础上，运用结构力学、岩土力学、弹塑性力学等力学理论知识对土拱曲线的构造特点、受力特点、窑洞土体的变形特点等进行弹塑性分析；针对结构性黄土裂隙特点，运用断裂力学知识，建立分析模型以及对裂隙尖端应力强度因子的计算式进行推导，找其规律。

2.2 靠崖窑土拱自支撑结构体系的力学计算

2.2.1 靠崖窑土拱体系的组成

靠崖窑是一种典型的生土建筑，在开挖和使用过程中，窑洞本身无须支护而能自稳，即靠崖窑土拱效应。组成窑洞结构尺寸的主要参数有：窑室的跨度、洞高、侧墙的高度、拱矢、上覆土层的厚度、窑腿宽度等构成，如图2-1示[60~62]。

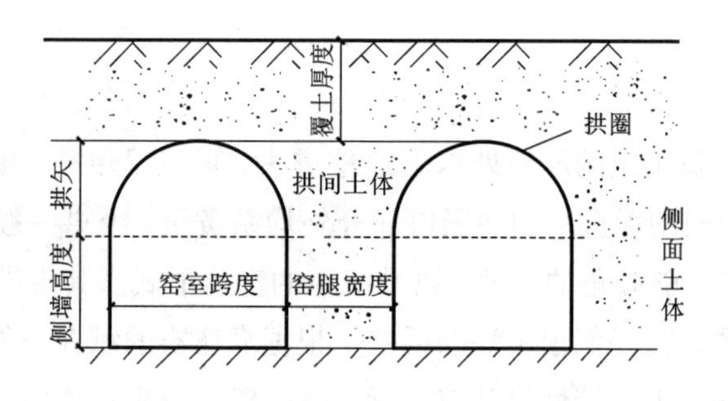

图2-1 窑洞结构尺寸参数示意图

从图2-1可以看到窑洞结构的组成类似于地下坑道构造的形式，靠崖窑的主体结构由拱圈和窑腿组成，它们是上覆土层自重和顶上荷载的主要承载体，其稳定性直接影响着窑洞整体的变形与破坏。目前窑洞拱曲线的几何形状主要有：双心圆拱、三心圆拱、半圆拱、割圆拱、平头拱、抛物线拱和落地抛物线拱七大类，如图2-2示[62]。其中前三种类型被广泛应用。

根据现场调查结果和文献资料研究显示：在一般情况下，土质强度较高的窑洞通常采用低矢拱曲线或高矢拱曲线，在土质强度较低的情况下通常采用高矢拱曲线，同时拱曲线的选型还与窑址的地质条件、施工难易程度和环境变换等因素密切相关。在拱曲线选型中因双心圆拱、三心圆拱、半圆拱、抛物线拱的曲线易于构筑成形，施工方便，侧壁较低，受力状况好，稳定性好，因此在窑

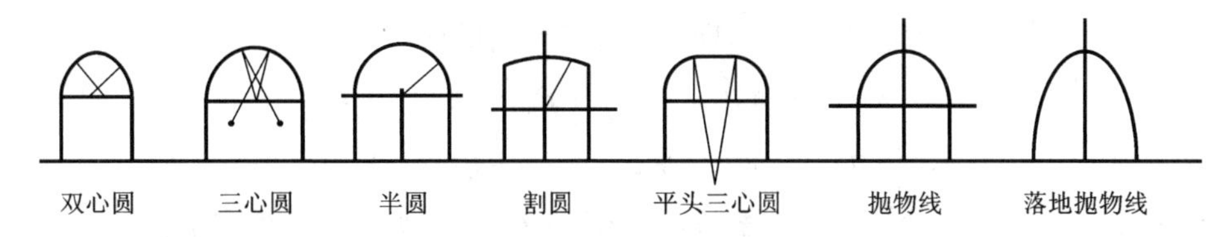

图2－2　窑洞拱曲线的几何形状

洞开挖过程中已被广泛应用。而低矢拱曲线由于形成困难，设计计算复杂在窑居建筑中比较少见。

2.2.2　窑室土拱曲线的结构力学计算

基于窑洞结构的组成特点，在靠崖窑中拱的跨度、窑腿宽度、侧墙高度、拱矢和上覆土层的厚度等尺寸效应对土拱的受力变形影响较大。又加上拱体结构材料主要是土体，并且拱脚直接放置在土体上，在结构力学计算中，为便于分析，可以认为土拱为一对称的弹塑性固定无铰拱，其基本计算结构如图2－3示。在这里考虑到结构荷载对称分布，故拱顶的未知力体系主要有：未知弯矩 X_1 和轴力 X_2，其未知力正方向的规定见图2－3[63, 64]。

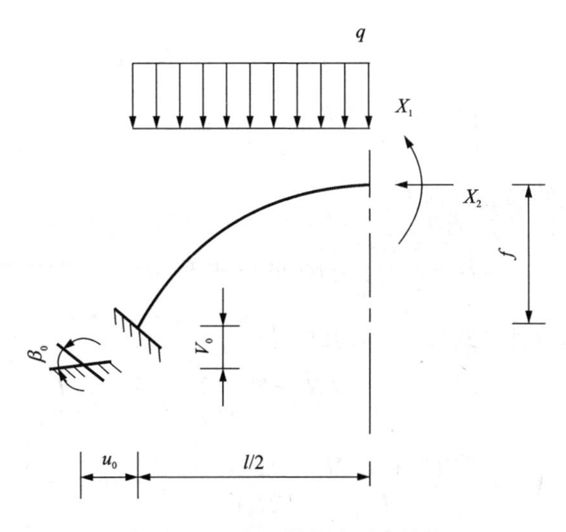

图2－3　窑洞拱曲线对称结构

利用结构力学力法力法计算理论，可以得到拱顶截面处位移协调方程为：

$$\left.\begin{aligned} X_1C_{11} + X_2C_{12} + \Delta_{1p} + \beta_0 = 0 \\ X_1C_{21} + X_2C_{22} + \Delta_{2p} + u_0 + f\beta_0 = 0 \end{aligned}\right\} \tag{2-1}$$

式中：$C_{ij}(i,j=1,2)$ 为柔度系数；且 $C_{ij}=C_{ji}$；Δ_{ip} 为外荷载作用下，沿 X_i 方向产生的位移；β_0，u_0，V_0 分别为拱脚截面的总弹性转角、总水平位移和总沉陷，f 为拱矢。

拱圈的柔度系数 C_{ij} 和外荷载作用下所产生的位移 Δ_{ip}，可以通过结构力学图乘法求解位移

$$\left.\begin{aligned} C_{11} + 2C_{12} + C_{22} = \int_0^{s/2}\frac{(1+y)^2}{EI}\mathrm{d}s + \int_0^{s/2}\frac{\cos^2\varphi}{EA}\mathrm{d}s \\ \Delta_{1p} + \Delta_{2p} = \int_0^{s/2}\frac{(1+y)M_p}{EI}\mathrm{d}s + \int_0^{s/2}\frac{N_p\cos^2\varphi}{EA}\mathrm{d}s \end{aligned}\right\} \tag{2-2}$$

式中：EI、EA 分别为拱圈的抗弯和抗压刚度；φ 为拱脚截面和竖直线之间的夹角；$\int\mathrm{d}s$ 为拱曲线的弧长 L，M_p，N_p 分别为外载荷在拱脚处产生的弯矩和轴力。

由于靠崖窑土拱的承载体是土体，在这里拱曲线为半圆拱，同时靠崖窑使用过程中不考虑拱脚和拱顶的转动，也不考虑拱脚，拱顶土体的抗拉变形，即式(2-1) 和式(2-2) 中，$\beta_0=0$，$\varphi=0$，$\Delta_{2p}=0$ 可得：

$$\left.\begin{aligned} C_{11} + 2C_{12} + C_{22} = \int_0^{s/2}\frac{(1+y)^2}{EI}\mathrm{d}s + \frac{1}{EA}\int_0^{s/2}\mathrm{d}s \\ \Delta_{1p} = \int_0^{s/2}\frac{(1+y)M_p}{EI}\mathrm{d}s + \frac{N_p}{EA}\int_0^{s/2}\mathrm{d}s \end{aligned}\right\} \tag{2-3}$$

根据圆曲线的参数方程得：

$$\left.\begin{aligned} x = R\sin\theta \\ y = R\cos\theta \end{aligned}\right\} \quad (0 \leqslant \theta \leqslant \frac{\pi}{2}) \tag{2-4}$$

根据曲线积分计算式(2-3) 求解得：

$$\left.\begin{aligned} C_{11} + 2C_{12} + C_{22} = \frac{R(\pi R^2 + 2\pi + 8)}{4EI} + \frac{L}{2EA} \\ \Delta_{1p} = \frac{2R(2+\pi)M_p}{EI} + \frac{LN_p}{2EA} \\ \Delta_{2p} = 0 \end{aligned}\right\} \tag{2-5}$$

式中：R 为圆曲线半径。

当拱脚处作用单位弯矩时，拱脚支撑面上的应力及沉陷呈线性分布，其内外缘处的最大应力及沉陷分别为：

$$\left.\begin{aligned}\sigma_{\max} &= \frac{6}{bd^2}\\ v_{\max} &= \frac{6}{bd^2K_a}\end{aligned}\right\} \tag{2-6}$$

式中：d为拱脚厚度；b拱脚纵向宽度，在平面问题求解时通常取$b=1$ m，K_a为拱脚处土体的弹性抗力系数。

从式(2-6)可以看到，土拱应力分布的关键范围主要在拱顶和拱脚位置，其中拱脚处的应力状态主要受拱脚的截面尺寸影响，在保证土体强度充分发挥的同时，这就要求窑洞开挖过程中侧墙与土拱应充分接触，还要保证拱间土体要有一定的厚度储备。

2.3 靠崖窑结构的弹塑性分析

2.3.1 靠崖窑结构的变形特征

靠崖窑结构的位移变形特征表现为窑洞周围土体的变形，主要由窑脸土边坡的位移、窑室周围土体的位移、窑腿的位移、拱间土体的位移和窑洞上覆土层的位移等位移组成。通过现场对靠崖窑土体结构的位移监测表明，窑洞开挖以后，土体的位移变形和应力调整并不是在瞬时就全部完成，而是在窑洞施工开挖建设和使用过程中都有不同程度的变形，并且随着时间的延续，以上变形不能完全恢复。

大量工程实例计算显示[65,66]，靠崖窑土体结构的最大位移主要分布在窑脸土边坡中上部的剪切位移，由于该位置处于窑洞自由面，受气候变化影响大，土体强度参数易弱化而发生变形；其次是拱顶和窑洞口附近的拉伸的位移，由于前者受窑顶人民生活的影响，加上上覆土层的自重和其他荷载作用，同时该处的抗拉强度又最薄弱，极易导致变形。后者由于窑洞开挖的卸荷和侧土压力作用，使洞口附近的土体受到推挤，而开挖卸荷使约束被减除，因此在该处易出现横向裂缝和变形；再次由于靠崖窑窑顶人居生活的影响，加上上覆土层一般都很薄，容易出现窑顶的拉升纵向变形。

2.3.2 窑洞土体的弹塑性分析

2.3.2.1 土体的本构方程

窑洞的构筑材料为土体，土体是多相的弹塑性介质，这就决定了窑洞的变形主要是土体的弹塑性变形，是由土体的弹性变形和塑性变形组成。用广义的虎克定律计算窑洞土体的弹性变形部分，用土塑性力学计算窑洞土体的塑性变形部分。大量实验显示，土体的变形是很复杂的，当土体材料的应力和应变超过了某种极限后，它们的变化(本构关系)不再遵从线形关系，此时土体结构的变形计算不能直接求解，也得不到精确的解析解，目前只能通过数值迭代技术和计算机电算近似求解本构方程[67]，因此文中将只讨论弹塑性有限差分数值迭代技术近似求解靠崖窑土体的非线性变形。

众所周知，土体材料不同于固体金属、混凝土材料，由多相组成，即固体土颗粒、孔隙水和孔隙气三相组成，其中土粒结构和构造占主要部分，研究起来也是相当复杂[68]。窑洞土体材料它既不是均质连续的理想弹性材料，也不是理想的塑性材料，而是结构性很强的应变硬化、软化的非均质非连续性弹塑性材料[69]。因此，要建立窑洞土体的弹塑性模型和求解过程，合理计算窑洞土体的应力与变形，该如何运用窑洞结构土体的弹塑性力学理论是非常关键的。

目前，土体材料依据抗压强度试验得到的本构关系曲线基本上可以分为三大类[70]：(1)理想的弹塑性材料；(2)应变硬化材料；(3)应变硬化－软化材料，具体曲线图见图2－4示。根据窑洞土体单轴压缩实验的研究结果显示窑洞土体材料的应力应变关系曲线可归属第(2)、(3)类，即土体在峰值强度σ_y'以前若要继续产生变形就需要增加荷载，经过峰值强度以后还能维持较小的残余应力，在小应力作用下，变形还会继续扩展。

针对复杂应力，土体结构在三维应力状态下，其应力值达到屈服极限σ_s时，土体材料开始屈服，并发生不可恢复的塑性变形，这时塑性变形所需满足的条件通常称为屈服函数(或屈服准则)：

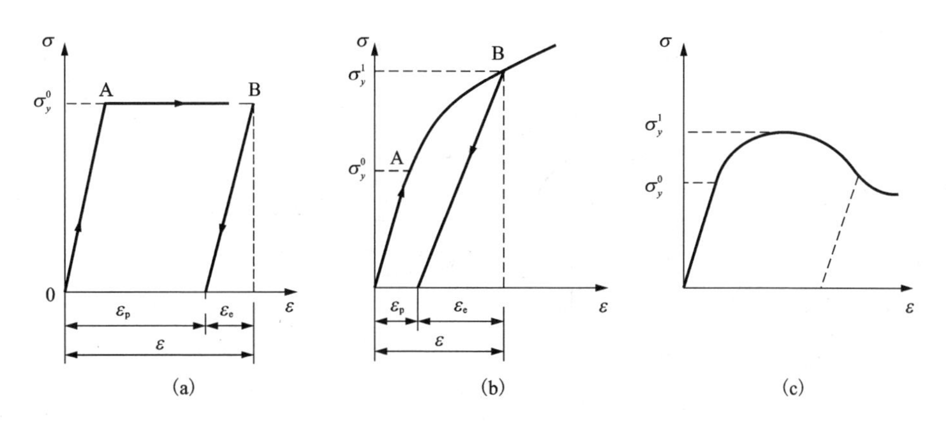

图2-4 应力应变曲线图

(a)理想弹塑性材料；(b)应变硬化材料；(c)应变硬化软化材料

$$f(\sigma_x, \sigma_y, \sigma_z, \tau_{xy}, \tau_{yz}, \tau_{zx}) = C \tag{2-7}$$

式中：C 为与土体材料力的限值有关的常数，通常与抗剪强度相比较。

土体材料的屈服与否决定于所受的应力状态和材料常数所满足的关系是否满足屈服条件，常用的屈服准则有：Tresca 屈服准则，Mises 屈服准则，Mohr - Coulomb 屈服准则，Drucker - Prager 屈服准则和统一屈服理论，其中摩尔—库仑(Mohr - Coulomb)屈服准则作为土体弹塑性分析的最常用屈服准则，物理意义明确、已被广大科技工作者所接受和应用，Mohr - Coulomb 屈服准则关系曲线见图2-5，摩尔-库仑屈服面在主应力空间为一不规则的六角锥面[见图2-5(b)]。为此本文也利用 Mohr - Coulomb 屈服准则进行窑洞土体的弹塑性计算，得到靠崖窑土体结构的位移分布特征(图2-10和图2-11)，Mohr - Coulomb 屈服准则在平面问题中表达式[71]

$$\tau_n = c + \sigma_n \tan\varphi \tag{2-8}$$

式中：τ_n 为极限抗剪强度；σ_n 为剪切面上的法向应力，在这里应力以压应力为正，拉应力为负；c、φ 分别为土的黏聚力和内摩擦角。

当 $\sigma_1 \geqslant \sigma_2 \geqslant \sigma_3$，由图2-5(a)的几何关系可以得到：

$$\frac{\frac{1}{2}(\sigma_1 - \sigma_3)}{c\cos\varphi} = \frac{c\cot\varphi - \frac{1}{2}(\sigma_1 + \sigma_3)}{c\cot\varphi} \tag{2-9}$$

结合公式(2-7)屈服函数为

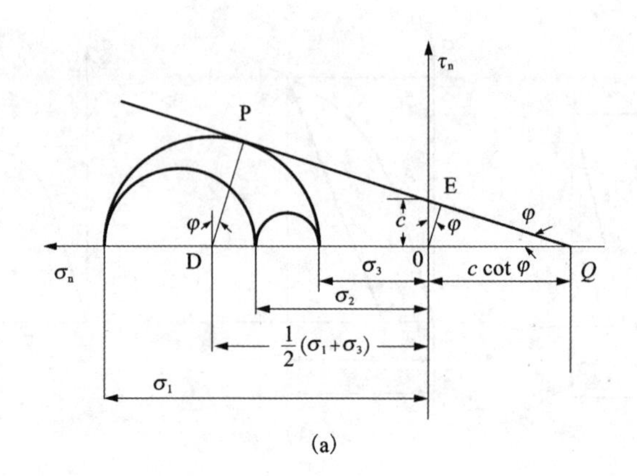

(a)

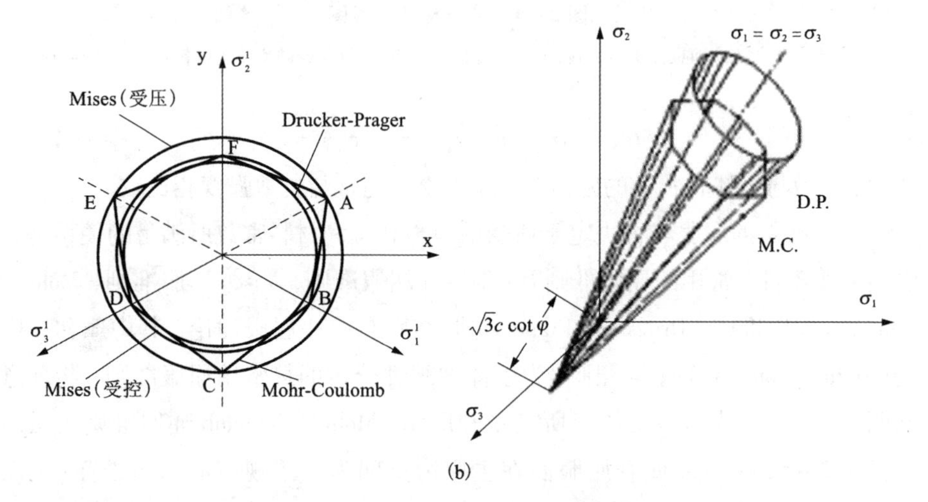

(b)

图 2 - 5　Mohr - Coulomb 屈服准则

$$F(\sigma_1, \sigma_2, \sigma_3) = \frac{1}{2}(\sigma_1 - \sigma_3) + \frac{1}{2}(\sigma_1 + \sigma_3)\sin\varphi - c\cos\varphi = 0 \tag{2-10}$$

在 π 平面上，通过该屈服函数可以得到

$$\left.\begin{aligned} x &= \frac{1}{\sqrt{2}}(\sigma_1 - \sigma_3) \\ y &= \frac{1}{\sqrt{6}}(2\sigma_2 - \sigma_1 - \sigma_3) = \frac{3}{\sqrt{6}}(\sigma_1 + \sigma_3) \end{aligned}\right\} \tag{2-11}$$

将 x、y 之值代入式(2 - 9) 可得

$$\frac{\sqrt{2}}{2}x = c\cos\varphi + \frac{\sqrt{6}}{6}y\sin\varphi \qquad (2-12)$$

该方程即为屈服曲线一个边 AB 的方程[见图 2－5(b)]。

同理可以得到另外屈服曲线边 BC，CD，DE，EF，FA 的方程，由于土体在静水压力作用下，也能产生屈服，因此屈服曲线在空间组成六棱锥形状。当应力状态不位于屈服面内时，就发生不可逆的塑性变形，即产生塑性屈服。

2.3.2.2　靠崖窑土体的弹塑性极限分析

根据土体本构曲线非线性的特点，其结构的塑性变形计算不能直接求解，也得不到精确的解析解，目前只能通过数值计算技术增量迭代求解才可以得到较理想的结果，具体过程见文献[72]。本文根据塑性近似解法的上、下限定理，通过约束条件下极限荷载的特点，来寻求土体崖坡极限荷载的上、下值。

在进行塑性近似解求极限荷载上、下限时，首先要构造土体工程的静力许可应力场或运动许可速度场，然后通过极限分析上、下限定理，来获取极限荷载的近似解。

针对半圆拱靠崖窑的赋存条件，其受力状况见图 2－6。

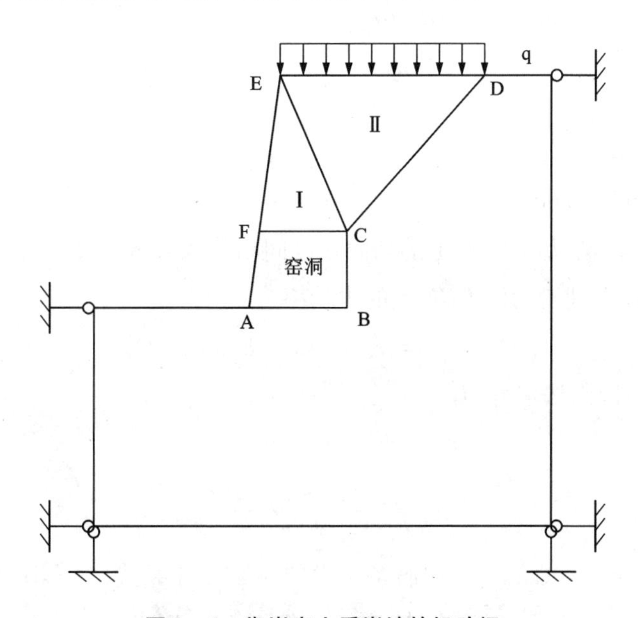

图 2－6　靠崖窑土质崖坡的机动场

(1)下限解

将靠崖窑土坡分成两个区域，中间由间断线 EC 隔开。其中区域 Ⅰ 受压，根据荷载分布规律，其中一个主应力为零，$\sigma_{\text{I}3}=0$。根据 Mohr - Coulomb 屈服条件式(2 - 8)，另一个主应力 $\sigma_{\text{I}1}=\dfrac{2c\cos\varphi}{1-\sin\varphi}$。根据斜面 AC 应力计算公式，AC 面上的应力为

$$\sigma_n=\frac{c\cos\varphi}{1-\sin\varphi}(1-\cos2\angle FEC) \tag{2-13}$$

$$\tau_n=\frac{c\cos\varphi}{1-\sin\varphi}\sin2\angle FEC \tag{2-14}$$

当跨过间断线 AC 时，要求该面上的应力和应变必须连续。在区域 Ⅱ 中，q 是最大主应力，设区域 Ⅱ 中的最小主应力为 $\sigma_{\text{II}3}$，则 AC 面上的应力和 q 满足

$$\sigma_n=\frac{c\cos\varphi}{1-\sin\varphi}(1-\cos2\angle FEC)=\frac{\sigma_{-}-\sigma_{\text{II}3}}{2}-\frac{\sigma_{-}+\sigma_{\text{II}3}}{2}\cos2\angle FEC \tag{2-15}$$

$$\tau_n=\frac{c\cos\varphi}{1-\sin\varphi}\sin2\angle FEC=\frac{\sigma_{-}+\sigma_{\text{II}3}}{2}\sin2\angle FEC \tag{2-16}$$

由式(2 - 15) 和式(2 - 16) 解得：

$$\sigma_{-}=\frac{2c\cos\varphi}{1-\sin\varphi}(1-\cos2\angle FEC) \tag{2-17}$$

(2) 上限解

设窑洞顶部 ED 边以匀速 v 垂直向下运动。从图 2 - 6 中可以很清楚地看出，外功率为 $\sigma_{+}lv$。滑动面 DCF 上的切向速度间断值为 $v\sin\angle EDC$，间断线长度为 L_{DC}，于是可以得到滑动面 DCF 上的内功率为：

$$P=\tau_{\text{s}}L_{DC}v\sin\angle EDC \tag{2-18}$$

根据塑性极限法求解。有

$$\sigma_{+}lv=\tau_{\text{s}}L_{DC}v\sin\angle EDC \tag{2-19}$$

$$\sigma_{+}=\frac{\tau_{\text{s}}L_{DC}v\sin\angle EDC}{lv} \tag{2-20}$$

再根据 Mohr - Coulomb 屈服条件式(2 - 8)，于是式(2 - 20) 成为

$$\sigma_{+}=\frac{(\sigma_{\text{s}}\tan\varphi+c)L_{DC}v\sin\angle EDC}{lv} \tag{2-21}$$

通过上述对靠崖窑土质崖坡的弹塑性极限分析可以得到崖坡的极限荷载。

2.3.3　弹塑性有限差分分析

有限差分法适用于土体材料在复杂应力条件下的弹塑性分析、大变形分析、微宏观变形和工程结构分步开挖施工过程中的数值模拟，因而在工程界已得到国内外广泛的认可和应用，其中三维显式快速拉格朗日有限差分法采用了混合离散方法、动态松弛法，将区域划分为常应变六面体单元的集合体，而在数值计算过程中，程序内部又将每个六面体单元分为以六面体八个角点为角点的常应变四面体单元的集合体，所需问题的求解变量均在四面体上进行差分计算，六面体单元的应力、应变、位移的取值和塑性区分布为其内四面体的体积加权平均。如图2－7所示一四面体单元，节点编号为1到4，第n面表示与节点n相对的面，设其内任一点的速率分量为$\dot{\mu}_i$，则可由高斯积分变换公式得(将积分区域由体积转换为面积)[73]：

$$\int_V \dot{\mu}_{i,j}\mathrm{d}V = \int_S \dot{\mu}_i n_j \mathrm{d}S \tag{2-22}$$

式中：V为四面体差分单元的体积；S为四面体差分单元的外表面；n_j为外表面的单位法向向量的分量；对于常应变单元，$\dot{\mu}_i$为线性分布；n_j在每个面上为常量，由式(2－22)积分定义可得

$$\dot{\mu}_{i,j} = -\frac{1}{3V}\sum_{i=1}^{4} \dot{\mu}_i^l n_j^{(l)} S^{(l)} \tag{2-23}$$

式中：上标l表示节点l的变量；(l)表示面l的变量。

2.3.3.1　运动方程

三维快速拉格朗日有限差分法是以差分单元节点为计算对象，将求解结构的质量和所受的力均集中在节点上，然后通过牛顿定律和运动方程在时域内进行求解。节点运动方程的形式如下[74]：

$$\frac{\partial \dot{\mu}_i^l}{\partial t} = \frac{F_i^l(t)}{m^l} \tag{2-24}$$

式中：$F_i^l(t)$为在t时刻l节点的在i方向的节点不平衡力分量，可由虚功原理导出；m^l为l节点的集中质量。在分析动态问题时采用结构的实际集中质量，

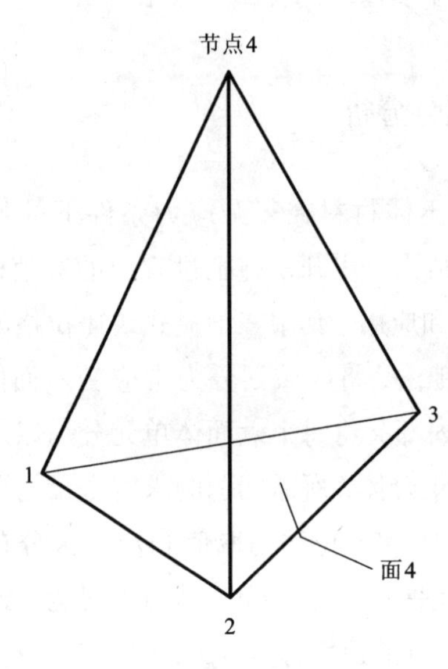

图 2-7 四面体

而在分析静态问题时则是采用结构的虚拟质量，以保证数值稳定，对于每个四面体单元，其节点的虚拟质量为：

$$m^l = \frac{a_1}{9V}\max\{[n_i^{(i)}S^{(l)}]^2,\ i=1,\ 3\} \tag{2-25}$$

其中 $$a_1 = K + \frac{4}{3G}$$

式中：K 为土体的体积模量；G 为土体的剪切模量，通过实验得到变形模量和泊松比，再经过换算可以得到 K 和 G 值。

式(2-25)的前提是当计算时步取 $\Delta t=1$，任一单元节点的虚拟质量为包含该节点周围所有四面体单元对该节点的叠加之和，将式(2-24)左端用中心差分来近似，则可得到：

$$\dot{\mu}_i^l\left(t+\frac{\Delta t}{2}\right) = \dot{\mu}_i^l\left(t-\frac{\Delta t}{2}\right) + \frac{F_i^l(t)}{m^l}\cdot\Delta t \tag{2-26}$$

2.3.3.2 应变、应力及节点不平衡力

在三维快速拉格朗日法计算中，单元应变的增量是由速度对时间的导数来求的，其微分关系如下式[74]：

$$\Delta\varepsilon_{ij}=\frac{1}{2}(\dot{\mu}_{i,j}+\dot{\mu}_{j,i})\cdot\Delta t \tag{2-27}$$

有了应变增量，即可由本构方程求出应力增量：

$$\Delta\sigma_{ij}=H_{ij}(\sigma_{ij},\ \Delta\varepsilon_{ij})+\Delta\chi_{ij} \tag{2-28}$$

式中：H 为已知的本构方程；$\Delta\chi_{ij}$ 为结构大变形情况下为便于求解在局部坐标系中对应力所做的旋转修正，其表达式如下：

$$\Delta\chi_{ij}=(\omega_{ik}\sigma_{kj}-\sigma_{ik}\omega_{kj})\cdot\Delta t \tag{2-29}$$

其中，$\omega_{ij}=\frac{1}{2}(\dot{u}_{i,j}-\dot{u}_{j,i})$

可以看出式(2-27)~式(2-29)中的导数可由式(2-24)近似解得。

最后对各时步的应力增量进行叠加即可得到总应力，然后即可由虚功原理求解下一时步的节点不平衡力，反复循环，达到求解精度，计算过程中每个四面体单元对其节点不平衡力的贡献如下式[74]：

$$p_i^l=\frac{1}{3}a_{ij}n_j^{(l)}S^{(l)}+\frac{1}{4}\rho b_iV \tag{2-30}$$

式中：ρ 为土体的密度；b_i 为单位质量体积力，任一单元节点的节点不平衡力为包含该节点的所有四面体单元对该节点的叠加之和，这样将得到的节点不平衡力进入下一时步的计算。

2.3.3.3 FLAC3D 软件的求解过程

(1)FLAC3D 软件求解过程

FLAC3D 软件是进行土木工程复杂应力条件下求解中最有效的专业软件之一，在进行靠崖窑数值模拟的步骤一般分为以下十步：

1)确定靠崖窑求解的目标量和范围，如位移、应力、应变、塑性区等；

2)对求解区域划分有限差分网格，如块体、四面体、楔形体等；

3)选择有效的本构模型，如弹性模型、弹塑性模型、黏弹性模型等；

4)确定所选模型中的计算参数，如剪切模量、体积模量、剪胀角等；

5)给定边界条件，如力的边界、位移边界、速度边界等；

6)对计算范围附初始条件，如应力、速度、位移等；

7)试算，如粗略的网格、较小时步等；

8)分析试算结果，如位移、应力等反应等；

9)详细划分网格，检查边界条件，初始条件等进行计算；

10)得出计算结果。

(2)FLAC3D 软件对靠崖窑的求解过程

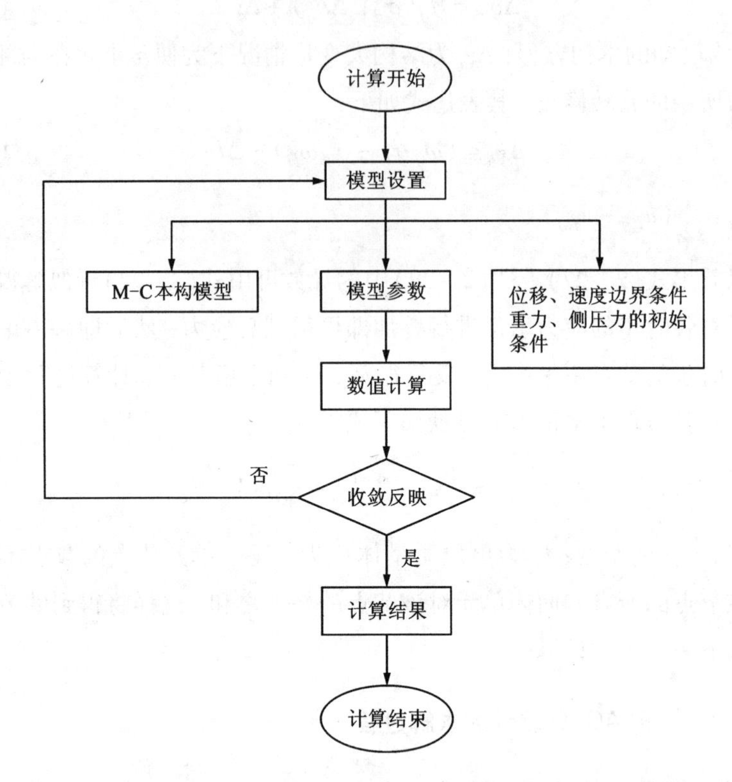

图 2-8　靠崖窑 FLAC3D 数值计算流程图

2.3.4　算例分析

为了验证弹塑性有限差分数值方法分析靠崖窑土体结构的可行性和有效性，笔者给出了下面三孔一列半圆拱靠崖窑的简单算例。设靠崖窑窑洞位于均质崖坡的中上部，其计算区域取窑室洞顶上覆土层厚度 $h=6$ m，计算区域总高度 $H=20$ m，窑门前缘平台宽 $l=6$ m，计算区域总宽度 $L=23$ m，计算模型研究范围内采用四面体有限差分单元，洞室内部未开挖土体采用六面体有限差分单元，该模型共划分 8769 个节点，25791 个单元，边界条件为下部固定，左右两侧水平约束，上部为自由边界，仅考虑土体自重作用，不考虑坡顶荷载、施工和外界环境变化的影响，该计算区域和网格划分见图2－9。

2.3.4.1　计算范围及网格划分

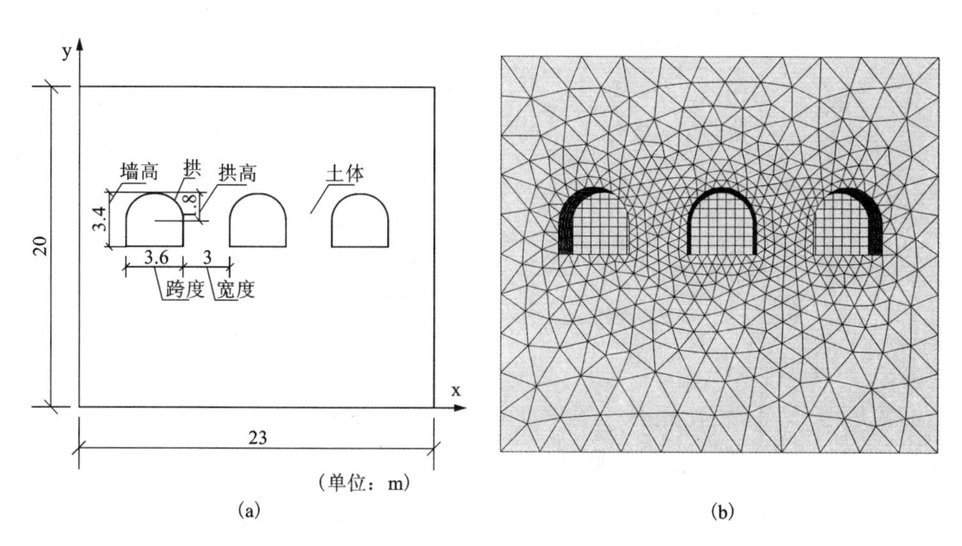

图2－9　计算范围和网格划分

(a)计算范围；(b)网格划分

2.2.4.2　力学参数

数值模拟计算的有效性与土体介质力学参数选取的精确与否有很大的关系，这是保证计算可靠的重要条件，文中土体的力学参数主要来自课题组在现场对典型靠崖窑土体的常规土工实验，具体实验结果见表2－1

表2－1　计算参数

黏聚力/kPa	内摩擦角/(°)	变形模量/MPa	泊松比	容重/(kN·m^{-3})
35	22	17	0.37	18.5

2.3.4.3 计算结果分析

本节基于 FLAC3D 弹塑性计算的常用模块[75, 76]，对靠崖窑土体结构的水平位移和垂直位移进行了计算，将计算结果与现场位移监测数据相比较。位移计算结果见图 2－10 和图 2－11。

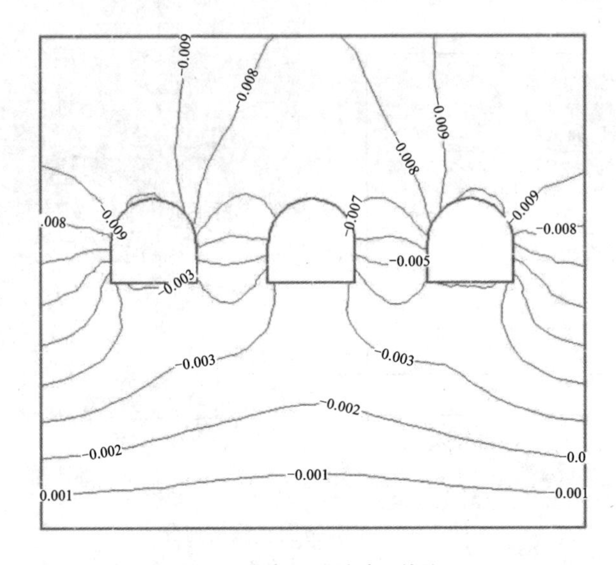

图 2－10　垂直位移分布(单位：m)

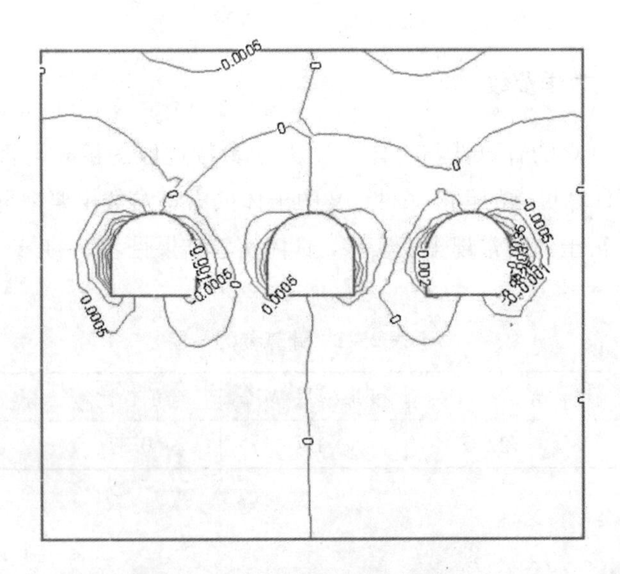

图 2－11　水平位移分布(单位：m)

从图2－10和图2－11可以看出：该半圆拱窑洞土体结构的垂直位移主要为指向下方的负位移，其分布范围在1～8 mm，水平位移最大值只有1 mm左右，在安全位移以内。在现场也没有观察到该窑洞明显的裂缝，处于稳定状态。进一步分析可知在自重应力作用下，靠崖窑窑洞土体的垂直位移和水平位移的分布主要集中在拱曲线和侧墙土体的周围，在拱顶上覆土层、拱间土体和窑腿下部的位移均较小，且垂直位移比水平位移变化要大，这与现场位移监测数据较吻合，该数值模拟是可靠的。

2.4　窑洞结构性土体断裂力学特性的研究

2.4.1　节理裂隙黄土体的断裂力学分析

组成靠崖窑结构的土体主要为黄土，黄土是一种结构性较强的特殊土，具有湿陷性和竖向节理的特点。黄土体断续节理裂隙在荷载作用下的起裂、扩展、成核、贯通和相互作用对窑洞土体结构的力学性能产生显著的影响，它可以导致窑洞土体强度和结构稳定性的逐渐劣化直至最后破坏。如果考虑到降雨渗透、滑坡、地震、爆破、泥石流、工程施工等环境条件的变化，并且处于该场中裂隙黄土体节理裂隙的劣化、断裂变形有加剧的趋势。关于节理裂隙特点对黄土体强度和土体结构稳定性的影响，国内外的研究文献太少，这主要是由于窑洞黄土材料具有多相性、各向异性、非均质性、不连续性、空间分布的差异性、结构性、微细观力学特性等复杂因素影响，因此没有被得到关注。对于混凝土、岩石、金属等材料裂纹的断裂特性已取得了大量的理论及实验研究成果[77～87]。为此，本文基于平面断裂力学理论，对黄土的竖直节理裂隙介质进行断裂力学分析，来探讨黄土的断裂力学特性。

2.4.2　垂直优势节理裂隙黄土体的裂纹模型

窑洞土体复杂应力场对裂隙黄土裂纹的萌生、扩展与否具有重要的影响。文中暂不考虑外界环境的变化，窑洞土体结构受到的主要应力有：洞顶上覆土体的自重、洞顶荷载、侧墙的土压力和沿洞室轴线的土压力，处于三维应力状态。根据线弹性断裂力学中的叠加原理，该三维应力分布可由图 2－12 所示的主应力情况叠加而成[88, 89]。

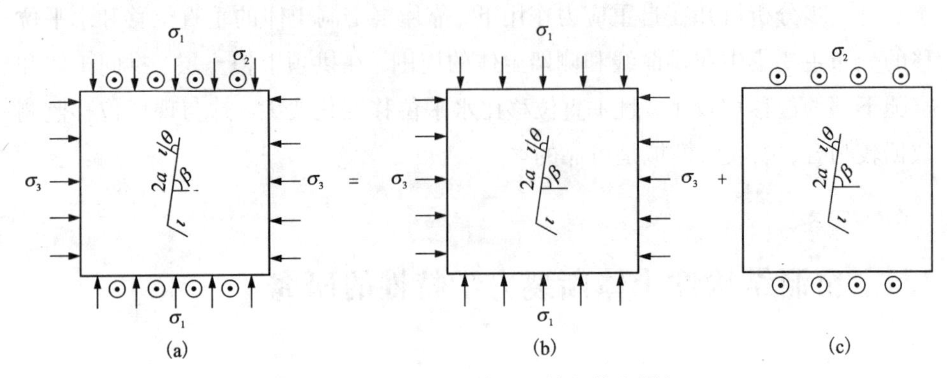

图 2－12　复杂应力情况下的加载和叠加

图中：a 为主裂纹的半长，β 为主裂纹与最大主应力面的夹角，θ 为翼形裂纹与主裂纹的夹角，l 为翼形裂纹的半长，$\sigma_i(i=1, 2, 3)$ 为主应力。

根据图 2－12 主应力叠加原理中节理裂隙的分布情况，下面从两方面来研究裂纹扩展和应力强度因子的求解。

(1) 不考虑翼形裂纹的扩展

由图 2－12(b) 主裂纹尖端的应力强度因子可写成如下形式，在这里以压应力为正，拉应力为负：

$$K_{\mathrm{I}} = \sigma_1 \sqrt{\pi a}\cos^2\beta + \sigma_3 \sqrt{\pi a}\sin^2\beta \tag{2－31}$$

$$K_{\mathrm{II}} = \sigma_1 \sqrt{\pi a}\sin\beta\cos\beta + \sigma_3 \sqrt{\pi a}\sin\beta\cos\beta \tag{2－32}$$

由图 2－12(c) 主裂纹尖端的应力强度因子可写成如下形式：

$$K_{\mathrm{III}} = \sigma_2 \sqrt{\pi a}\cos\beta \tag{2－33}$$

(2) 考虑翼形裂纹的扩展

从图 2－12 中主裂纹和翼形裂纹的几何分布（因这里主要是推算裂纹长度关系，应力状态的改变并不影响长度的求解，因此暂不考虑 σ_2 主应力），为便于计算和推导在这里可以将主裂纹和折算的翼形裂纹组成一条长为 $2L$ 的等效直裂纹，其等效直裂纹的方向与原主裂纹方向相同[90]。很明显该等效的直裂纹由两部分组成，即：主裂纹长为 $2a$，折算的翼形裂纹长度为 $2l_{\mathrm{eff}}$，$2l_{\mathrm{eff}}$是翼形

裂纹 $2l$、翼形裂纹方位角 θ 和主裂纹方位角 β 的函数，等效直裂纹与主裂纹和折算的翼形裂纹的长度关系为：

$$2l = 2a + 2l_{eff} \tag{2-34}$$

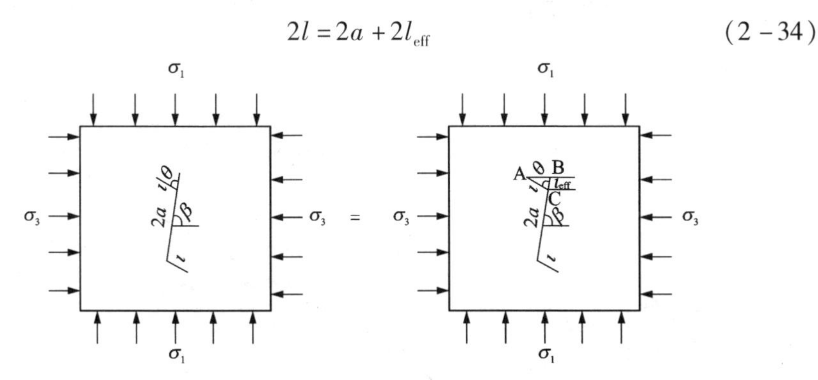

图 2-13　翼形裂纹对主裂纹的几何和应力影响

为了确定折算的翼形裂纹长度 l_{eff}，将翼形裂纹 AC 在主裂纹方向上进行投影，得到折算的翼形裂纹长度 l_{eff}，即图 2-6 中的 BC，再根据几何关系，可以通过三角形 ABC 正弦定理求得：

$$\frac{l_{eff}}{\sin(\theta+\beta)} = \frac{l}{\sin\beta} \tag{2-35}$$

$$l_{eff} = \frac{l\sin(\theta+\beta)}{\sin\beta} \tag{2-36}$$

结合式(2-34)，可得等效直裂纹的长度为：

$$L = a + \frac{l\sin(\theta+\beta)}{\sin\beta} \tag{2-37}$$

结合式(2-35)～(2-37)[89] 和图 2-12，裂纹尖端的应力强度因子可写成如下形式：

$$K_{\mathrm{I}} = \sigma_1\sqrt{\pi\left[a + \frac{l\sin(\theta+\beta)}{\sin\beta}\right]}\cos^2\beta + \sigma_3\sqrt{\pi\left[a + \frac{l\sin(\theta+\beta)}{\sin\beta}\right]}\sin^2\beta \tag{2-38}$$

$$K_{\mathrm{II}} = \sigma_1\sqrt{\pi\left[a + \frac{l\sin(\theta+\beta)}{\sin\beta}\right]}\sin\beta\cos\beta + \sigma_3\sqrt{\pi\left[a + \frac{l\sin(\theta+\beta)}{\sin\beta}\right]}\sin\beta\cos\beta \tag{2-39}$$

$$K_{\mathrm{III}} = \sigma_2\sqrt{\pi\left[a + \frac{l\sin(\theta+\beta)}{\sin\beta}\right]}\cos\beta \tag{2-40}$$

为了研究上面应力强度因子求解结果的精度，我们将上面公式推导的结果与 Hori 和 Nimat - Nasser 建立的翼形裂纹模型进行了对比分析[91]，在验算过程中取 $\sigma_1 = 100$ kPa，$\sigma_3 = \frac{\upsilon}{1-\upsilon}\sigma_1 = 0.37 \times 100 = 37$ kPa（υ 为土体的泊松比），计算结果见图 2 - 14。

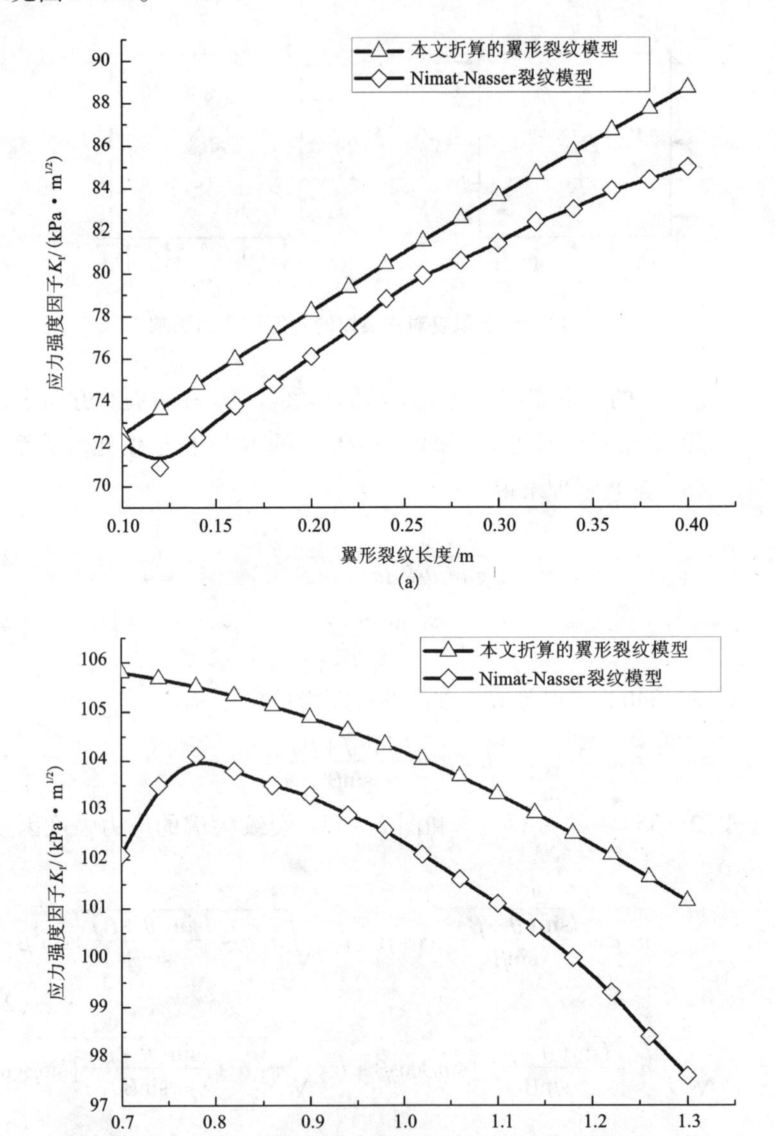

图 2 - 14　本文模型与 Nimat - Nasser 翼形裂纹模型的比较分析

(a)裂纹长度与应力强度因子；(b)翼形裂纹方位角与应力强度因子

从图2－14可以看出：本文折算的翼形裂纹模型所得出的应力强度因子K_I比Nimat－Nasser裂纹模型得出的值偏大，主要原因是Nimat－Nasser裂纹模型考虑了翼形裂纹$2l$长度效应的有利因素，本文推导是没有考虑翼形裂纹$2l$的长度效应。在图2－14(a)中，本文的结果与Nimat－Nasser裂纹模型结果的误差在4%～7%；在图2－14(b)中，本文的结果与Nimat－Nasser裂纹模型结果的误差在1%～4%，因此本文的推导是有效的。同时还可以看到随着翼形裂纹长度和翼形裂纹方位角的增加，这种差异性逐渐增大。

靠崖窑结构中的黄土体在洞顶上覆土体的自重、洞顶荷载、侧墙的土压力和沿洞室轴线的土压力等文中三维应力状态作用下，原生裂纹尖端(这里为优势垂直接力裂隙)的扩展产生翼形裂纹，翼形裂纹在上述应力作用下会转折向最大压应力方向进一步扩展，会与另一条原生裂纹的翼形裂纹间相遇，并相互连接，最后形成贯通性的裂隙带，导致窑洞土体结构的破坏。这类破坏形式主要出现在翼形裂纹贯通范围大于90°的情形，贯通示意图见图2－15。

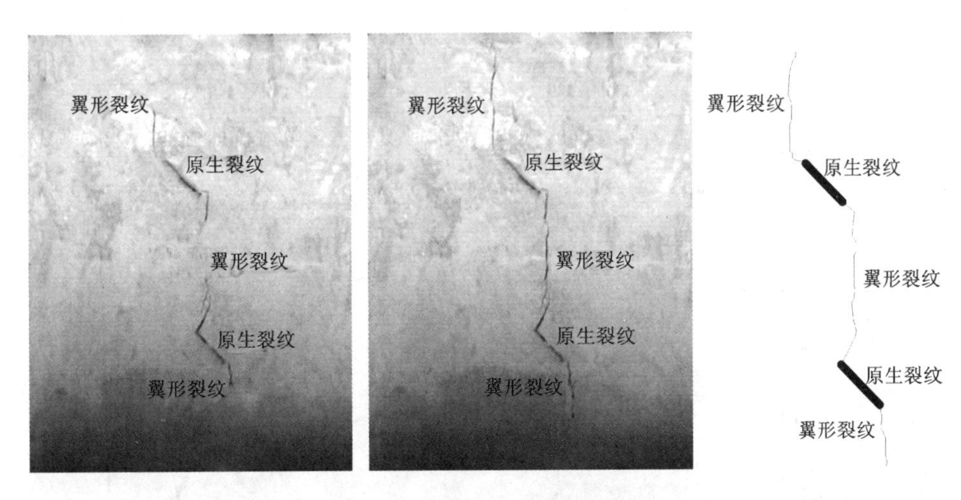

图2－15　翼形裂纹贯通示意图

为了研究窑洞土体结构垂直优势节理裂隙黄土在上覆土体自重应力和拱顶荷载作用下裂纹的扩展、贯通和优势裂纹尖端应变集中的情况，进行了室内黄土断裂力学实验。在实验过程中，将每块试件依次贴六组应变片，即在垂直优势节理裂纹尖端粘贴两组应变片，在裂纹内部翼形裂纹尖端上下表面各贴一组应变片，在试件没有裂纹的土体范围内贴一组，本实验是选在该范围的中部，用来研究垂直优势节理裂纹尖端和无裂纹区域的压剪应变集中情况，图2－16中1#，2#电阻应变片记录的是裂纹尖端内部翼形裂纹下表面在水平方向和垂直方向上的应变值；3#，4#电阻应变片记录的是裂纹尖端内部翼形裂纹上表面在水平方向和垂直方向上的应变值；5#，6#电阻应变片记录的是没有裂纹的干扰区域在水平方向和垂直方向上的应变值。试件在加载过程中各组电阻应变片的荷载－应变曲线见图2－17。

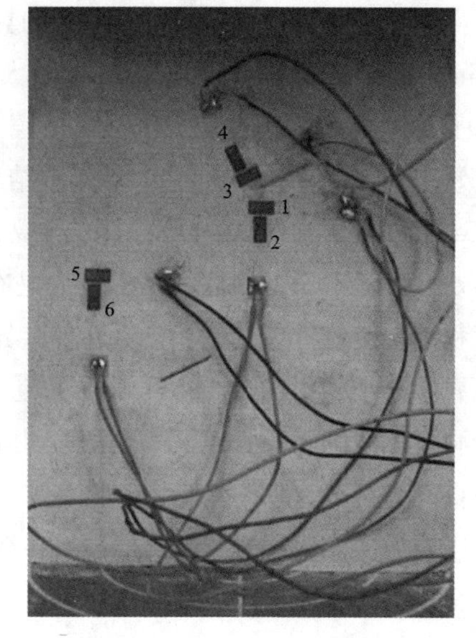

图2－16 应变片粘贴

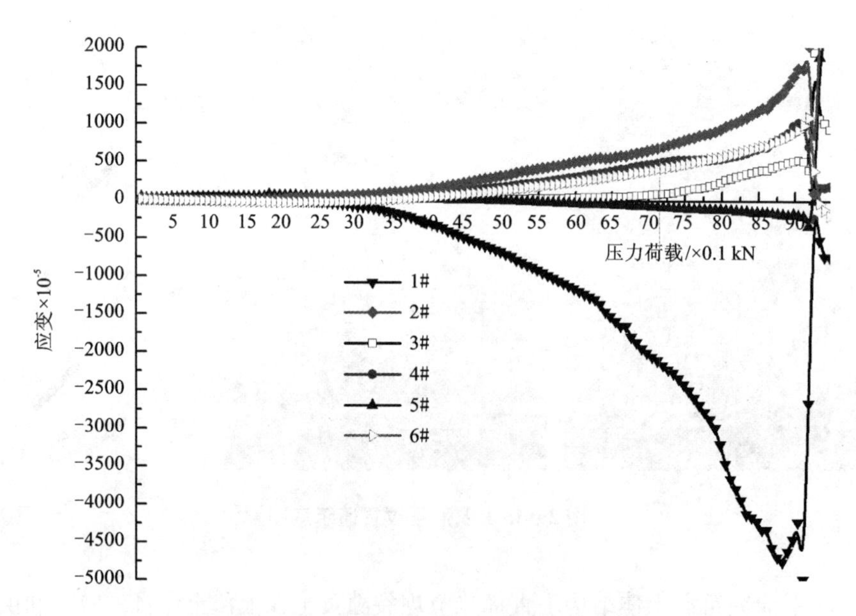

图2－17 荷载－应变曲线

2.4.3 多组优势共线裂纹模型的分析

黄土体的孔隙性和垂直优势节理裂隙的分布现实已得到工程界的广泛认可，为了研究多组垂直优势共线节理裂隙对靠崖窑土体结构的影响，文中对复杂应力条件下的窑洞模型进行了概化，即窑洞土体主要受到顶部和底部对称荷载 σ 和土的侧压力 σ_m 应力作用的影响，不考虑中间应力的影响，其结构尺寸和荷载分布见图2-18示。

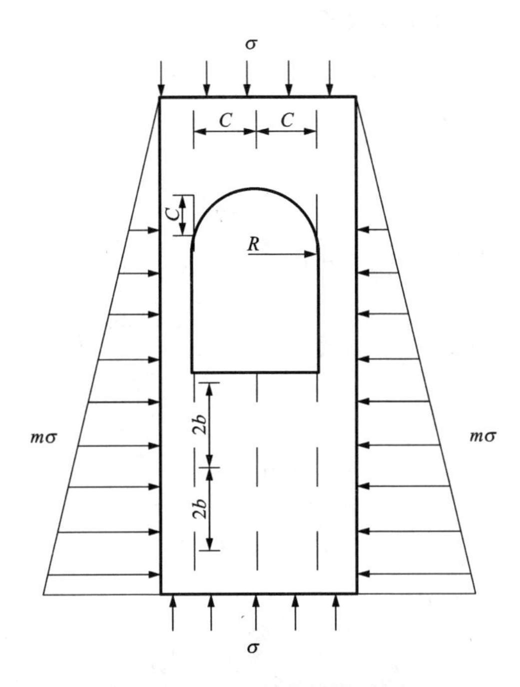

图2-18 概化的模型

图中主应力关系为：

$$\sigma_3 = m\sigma_1 \left(m = \frac{\upsilon}{1-\nu} \right) \tag{2-41}$$

上图中等间距的裂纹代表黄土体中多组垂直优势共线节理裂隙，其垂直间距为 $2b$，水平向间距为 C，窑洞顶部的裂纹长度为 c，竖向优势裂纹长为 $2a$，窑洞的半径为 R，拱顶荷载和上覆土层的自重为 σ，m 为侧压力系数，ν 为土体的泊松比。

针对共线裂纹分布的特点，为便于分析计算，将坐标原点放在任一竖向优势裂纹的中点，可以得到满足边界条件的应力函数为[92]：

$$Z_{\mathrm{I}}=\frac{\sigma_1\sin\dfrac{\pi z}{2b}}{\left[\sin^2\dfrac{\pi z}{2b}-\sin^2\dfrac{\pi a}{2b}\right]^{1/2}} \tag{2-42}$$

根据线弹性断裂力学中的叠加原理，可以得到：

$$K_{\mathrm{I}}=K_{\mathrm{I}}^{(1)}+K_{\mathrm{I}}^{(2)}+K_{\mathrm{I}}^{(3)}+K_{\mathrm{I}}^{(4)}+K_{\mathrm{I}}^{(5)} \tag{2-43}$$

又根据应力强度因子的定义式：

$$K_{\mathrm{I}}=\sqrt{2\pi}\lim_{z\to z_1}\sqrt{z-z_1}Z_1(z) \tag{2-44}$$

此处 $z_1=a$，$z\to a$ 时

$$K_{\mathrm{I}}^{(1)}=\sigma\sqrt{\pi a}\left(\frac{2b}{\pi a}\tan\frac{\pi a}{2b}\right)^{1/2} \tag{2-45}$$

当窑洞顶部的裂纹 $z_1=c$，$z\to c$ 时

$$\begin{aligned}K_{\mathrm{I}}^{(1)}&=\sqrt{2\pi}\cdot\sqrt{c-a}\cdot\frac{\sigma\sqrt{2}\sin\dfrac{\pi a}{2b}}{2\left[\sin\dfrac{\pi a}{2b}\cos\dfrac{\pi a}{2b}\cdot\dfrac{\pi}{4b}(c-a)\right]^{1/2}}\\&=\frac{\sigma\sqrt{4\pi(c-a)}\sin\dfrac{\pi a}{2b}}{\left[\dfrac{\pi}{b}(c-a)\sin\dfrac{\pi a}{b}\right]^{1/2}}\end{aligned} \tag{2-46}$$

根据共线裂纹的应力因子求解式，可得

$$K_{\mathrm{I}}^{(2)}=\frac{m\sigma\sqrt{\pi a}}{2}\cdot\sqrt{\frac{\pi s}{1-s}} \tag{2-47}$$

其中，$s=\dfrac{a}{a+h}$ $(0\leqslant s<0.49)$

同理可以得到其他情况下的应力强度因子计算式

$$K_{\mathrm{I}}^{(3)}=1.124m\sigma\sqrt{\pi a} \tag{2-48}$$

$$K_{\mathrm{I}}^{(4)}=1.122\sigma\sqrt{\pi a} \tag{2-49}$$

$$K_{\mathrm{I}}^{(5)}=0.33\sigma\sqrt{2\pi R} \tag{2-50}$$

通过上述对窑洞土体断裂力学特性的研究，建立了窑洞裂隙黄土体的断裂

力学模型和应力因子的求解式，通过分析多组共线裂纹的概化模型得出了应力强度因子的叠加式。

2.5　小结

(1)根据固定无铰拱结构力学力法计算理论，建立了靠崖窑半圆拱曲线的位移协调方程，计算得出：拱的跨度、侧墙高度、拱矢和上覆土层的厚度及拱顶荷载对土拱的受力变形影响较大。还得出了土拱应力分布的关键范围主要在拱顶和拱脚位置，其中拱脚处的应力状态主要受拱脚的截面尺寸影响，在保证土体强度充分发挥的同时，这就要求窑洞开挖过程中侧墙与土拱应充分接触，还要保证拱间土体要有一定的厚度储备。

(2)通过分析土的弹塑性力学理论，利用塑性极限分析方法，得出了 Mohr - Coulomb 屈服条件下靠崖窑土质崖坡极限荷载的上下限解。

(3)运用有限差分数值分析技术，通过算例计算得出半圆拱窑洞结构中，在洞顶上覆土体的自重、洞顶荷载、侧墙的土压力和沿洞室轴线的土压力作用下，靠崖窑窑洞土体的垂直位移和水平位移的分布主要集中在拱曲线和侧墙土体的周围，在拱顶上覆土层、拱间土体和窑腿下部的位移均较小，且垂直位移比水平位移变化要大。

(4)建立了靠崖窑优势垂直节理裂隙土体的翼形裂纹和共线裂纹模型，得出了翼形裂纹折算长度的计算式和应力强度因子的计算式，所得结果与 Nimat - Nasser 裂纹模型结果的误差在 10% 以内，同时还推导求解得出了含洞室共线裂纹的应力强度因子计算式。

第3章 窑体结构破坏的可靠性和统计分析

3.1 引言

窑洞土体结构的变形破坏受窑洞赋存条件、开挖形式、窑洞周围土体的力学特性以及窑洞的结构构造等多因素影响。其中前三种情况对土体结构的稳定性影响有其规律性，如开挖形式简单，土体强度高，地下水或降雨渗透少，无不良地质条件，这样的土体结构物一般都是稳定的，而土体结构的构造对其稳定性的影响其研究成果并不多，因为现有的土工结构物都是按规范设计，按图施工，已经标准化。可是针对靠崖窑土体结构物的技术资料在规范上很难找到相关内容，给其设计、施工带来了很大的主观性，这样窑洞发生失稳的概率也比较多。

土体工程的赋存条件、开挖形式、力学特性和结构构造等对其稳定性都存在着不确定性，可靠度设计方法能充分考虑影响因素的不确定性，还能考虑到失效模式的不确定性，同时可靠度指标还能较真实地反映土体结构物的安全状态。对于土体工程可靠度设计方法与安全系数法、动态设计方法一样，是处理不确定问题的有效方法，在土木工程不确定性问题方面占据重要地位[93~96]。

因此，笔者首先根据在现场调查的尺寸数据来进行统计分析，就靠崖窑结构的破坏类型找其规律性，再通过可靠度指标搜索最不利的尺寸范围，最后通过遗传全局优化算法对靠崖窑纵向裂缝的尺寸效应进行搜索，找到合理的拱曲线和窑洞的构造尺寸。

3.2 靠崖窑结构破坏的统计研究

3.2.1 靠崖窑破坏的原因和类型

靠崖窑赋存于土体中，是一种典型的土拱结构，而土体是一种多孔多相结构被广泛使用的工程材料。土体构筑物的稳定性受内外因素的干扰比较敏感，其中外因主要有强降雨、开挖扰动、泥石流、疲劳荷载、爆破震动、风荷载、温度等对窑洞结构的稳定性会产生重要的影响。而土体材料本身力学特性的内部因素也会对窑洞结构的稳定性会产生影响，主要有土体材料的蠕变、断裂、冻胀、湿陷等特性。其中最主要的因素是降雨渗透对窑洞土体结构的影响。当降雨渗流时，土的含水量增大，重力密度增加，抗压和抗剪强度降低，导致土拱结构的位移增加，拱圈内力增大，应力位移集中，当内力引起的拉剪应力超过拱圈的拉剪强度时，会产生窑洞结构的裂缝、局部坍塌和整体坍塌等破坏[97]。总之，窑洞结构的破坏原因往往是土体的强度减弱、拉剪应力超过强度值或应力集中等，主要呈现出拉伸和剪切破坏。

窑洞多为单孔、多孔一列、多孔台梯型等形式修建，在两种窑洞的稳定性分析中，发现其破坏范围多发生在两边跨的窑洞，因为该位置的应力、位移变化较大，而中间跨的破坏相对较少，主要是由于洞周土体侧向约束的作用。窑洞的破坏形式概括起来主要有三种[97]。

(1)局部坍塌

局部坍塌是指窑洞的前面或者后面的拱曲线、或拱顶上覆土层的局部坍塌。这种情况窑洞一般不会发生整体性的破坏，窑洞结构可以修复和重复使用。局部坍塌在多孔窑洞的中间跨和边跨窑洞都有可能发生。

(2)整体坍塌

整体坍塌是指窑洞结构整体塌落或倒塌，是一种灾害性的破坏形式。整体坍塌多发生在多孔窑洞的边跨，通过牵引或推进引起中间跨裂缝的形成或坍塌。

(3)裂缝

裂缝是指窑洞的墙体或拱曲线发生断裂或宏观裂缝，是窑洞最多见的破坏形式。裂缝既可以发生在边跨，也可以发生在窑洞的中跨。有结构性裂缝和构造性裂缝两种，结构性裂缝是由于外界条件引起拱曲线的断裂或错位呈现出比较深的裂缝，而构造性裂缝是由于温度效应引起的比较浅的裂缝。

在大量的现场调研中发现，窑洞的破坏绝大多数是窑洞产生的裂缝而引起的。裂缝的产生与窑洞的拱曲线设计、受力状况、外界环境和土质材料有关，其中荷载效应引起的裂缝占据了主导地位。归纳起来裂缝的分类主要有两种：

(1)按机理分主要有受力裂缝、干缩裂缝和温度裂缝。

窑洞土体结构主要受洞顶上覆土体的自重、洞顶荷载、侧墙的土压力和沿洞室轴线的土压力等作用，当其引起的拉力、剪力超过其土体的抗拉、抗剪强度值时就会形成受力裂缝。在降雨和蒸发作用下，黄土的干缩特性，导致土体的抗拉、抗剪强度降低，形成干缩裂缝。同时温度对土体的力学性能也产生重要的影响，离崖面的近的土体和离崖面远的土体因温度的差异使土体产生热胀推力，该力达到一定程度时，就形成了温度裂缝。

(2)按裂缝的分布形态主要有纵向裂缝、横向裂缝和纵横十字交叉的裂缝[98]。

在洞顶上覆土体的自重、洞顶荷载、侧墙的土压力和沿洞室轴线的土压力作用下，土拱一般不承担弯矩，只受轴力作用，若土拱承担了弯矩或拉力作用时，拱圈就会出现裂缝，且在拱尖出现纵向裂缝。又由于窑洞属土体开挖工程，当开挖卸荷时，崖面的土体失去约束，加上土体的侧压力作用而使离崖面近的窑室土体受到向外的推力，使该范围的土体受到一个倾覆力矩，导致横向裂缝的产生。当横向裂缝和纵向裂缝在窑室成核、扩展、贯通时，纵横十字交叉裂缝就出现了。

(a)横向裂缝

(b)纵向裂缝

(c)窑脸坍塌

(d)崖面局部坍塌

图3-1　窑洞的破坏裂缝

3.2.2　靠崖窑破坏的统计分析

课题组依据靠崖窑的破坏特征分析其原因，从而进行了大量的现场调研和统计分析，结果发现，靠崖窑的破坏原因主要是土体的强度减弱、拉剪应力超过强度值或应力集中。其中降雨和黄土结构性等因素的影响最为突出。在强降雨地区的窑洞破坏比其他地区窑洞破坏的实例要多，并且纵向裂缝又占了很大部分。同时窑洞的结构尺寸也对窑洞的稳定性产生重要的影响，本文从调查靠崖窑裂缝类型和监测土体结构的位移出发，对不同结构尺寸窑洞的裂缝进行统计分析，找出其规律性。

靠崖窑的结构尺寸主要包括上覆土层的厚度、拱高、窑腿宽度、窑室跨度等尺度，考虑到土拱中土体强度对窑洞破坏裂缝的形成其影响很大，因此文中以裂缝类型和监测得到的位移及结构尺寸作为靠崖窑破坏裂缝类型分析的参量，又以拱高作为土拱稳定性的对比尺寸，将上覆土层的厚度、窑腿宽度和窑室跨度与其相比，来统计分析窑洞裂缝的破坏尺寸，在这里将各比值定义为拱厚比(gh)、拱宽比(gtk)和拱跨比(gk)。根据豫西北30处靠崖窑的裂缝，统计裂缝类型和尺寸比，其结果见表3－1所示。

表3－1 靠崖窑尺寸比的统计结果

编号	拱厚比 gh	拱宽比 gtk	拱跨比 gk	裂缝类型
KYS1	1.28	1.28	1.09	纵向裂缝
KYS2	0.96	0.9	0.94	纵向裂缝
KYS3	1.3	1.83	1.12	无裂缝
KYS4	1	1.84	1.11	横向裂缝
KYS5	0.7	1.48	1.19	横向裂缝
KYS6	1.32	1.32	1.04	纵向裂缝
KYS7	0.88	1.2	1.12	纵向裂缝
KYS8	0.92	0.92	0.86	纵向裂缝
KYS9	0.92	1.23	1.42	横向裂缝
KYS10	1.29	1.35	1.03	纵向裂缝
KYS11	1.32	1.52	1.04	纵向裂缝
KYS12	0.87	1.2	1.05	横向裂缝
KYS13	0.92	1.02	0.86	纵向裂缝
KYS14	0.92	1.23	1.73	横向裂缝
KYS15	1.29	2	1.03	无裂缝
KYS16	1.26	1.21	0.93	纵向裂缝
KYS17	1.18	0.65	0.85	纵横向裂缝

续表 3-1

编号	拱厚比 *gh*	拱宽比 *gtk*	拱跨比 *gk*	裂缝类型
KYS18	0.58	2.08	1.35	横向裂缝
KYS19	0.78	1.02	0.94	纵向裂缝
KYS20	1.32	0.98	1.26	无裂缝
KYS21	1.11	1.11	1.06	纵向裂缝
KYS22	0.91	1.98	0.83	横向裂缝
KYS23	0.95	1.99	0.91	横向裂缝
KYS24	1.39	1.21	0.95	纵向裂缝
KYS25	1.27	1.01	0.88	纵向裂缝
KYS26	1.32	1.11	0.98	纵向裂缝
KYS27	1.22	0.71	0.9	纵横向裂缝
KYS28	1.29	1.01	1	纵向裂缝
KYS29	1.27	1.11	0.94	纵向裂缝
KYS30	0.99	1.85	1	横向裂缝

本文基于概率统计知识[99]，就靠崖窑的纵向裂缝、横向裂缝与靠崖窑结构的尺寸效应(主要为拱厚比、拱宽比、拱跨比)进行了样本统计，其概率分布情况见表3-2～表3-7示。

这里就关于纵向裂缝与拱厚比的统计分析步骤如下(其余的求解步骤与之类同，这里不再阐述)：

(1)求极差；

根据表3-1尺寸比的统计数据，可以找到表中拱厚比的最大值为 $x_{max}=1.39$，最小值 $x_{min}=0.58$，极差 $r=x_{max}-x_{min}=0.81$。

(2)分组；

本例中数组 $k=6$，可以算出各数组的组距为：

$$\frac{r}{k}=\frac{0.81}{6}=0.135$$

(3)定出每组的上下限；

本例中第一组的下限取为0.778，再根据第2)步中得出来的组距来对剩下的统计数据进行分组，由此可定出其余各组的上、下限。这六组数据的上、下分别为0.778～0.880，0.880～0.982，0.982～1.084，1.084～1.186，1.186～1.288和1.288～1.390。

(4)求出每组的组中值；

$$\overline{m} = \frac{x_u + x_d}{2}$$

(5)求出每组的组频数；

组频数是根据每组的上、下限范围值，从样本中找出其出现的次数。

(6)求出组频率；

组频率就是用组频数除以样本总数，用小数表示。

(7)对组频数和组频率进行求和

检查组频数的和是否等于样本数，组频率的值是否等于1，否则要返回1)～6)重新计算组频数和组频率，这步很关键。

(8)列出样本的频率分布表。

该表主要包括组限、组中值、组频数和组频率。

(9)总结找出频率分布规律。

文中实例的分布形式为：正态分布、指数分布和多项式分布。

表3-2 纵向裂缝拱厚比的频率分布

组限	组中值	组频数	组频率
0.778～0.880	0.829	3	0.2
0.880～0.982	0.931	2	0.13
0.982～1.084	1.033	1	0.06
1.084～1.186	1.135	1	0.06
1.186～1.288	1.237	4	0.25
1.288～1.390	1.339	5	0.3
Σ		16	1

表3-3 纵向裂缝拱宽比的频率分布

组限	组中值	组频数	组频率
0.9~1.0	0.95	2	0.13
1.0~1.1	1.05	3	0.18
1.1~1.2	1.15	4	0.25
1.2~1.3	1.25	4	0.25
1.3~1.4	1.32	2	0.13
1.4~1.5	1.45	1	0.06
Σ	—	16	1

表3-4 纵向裂缝拱跨比的频率分布

组限	组中值	组频数	组频率
0.85~0.90	0.88	2	0.12
0.90~0.95	0.98	3	0.19
0.95~1.0	1.08	3	0.19
1.0~1.05	1.03	4	0.25
1.05~1.10	1.08	3	0.19
1.10~1.15	1.13	1	0.06
Σ	—	16	1

表3-5 横向裂缝拱厚比的频率分布

组限	组中值	组频数	组频率
0.580~0.685	0.632	1	0.11
0.685~0.790	0.738	1	0.11
0.790~0.895	0.843	2	0.22
0.895~1.00	0.948	5	0.56
Σ	—	9	1

表3-6 横向裂缝拱宽比的频率分布

组限	组中值	组频数	组频率
1.18~1.41	0.632	1	0.22
1.41~1.63	0.738	2	0.11
1.63~1.85	0.843	2	0.22
1.85~2.08	0.948	4	0.45
Σ	—	9	1

表3-7 横向裂缝拱跨比的频率分布

组限	组中值	组频数	组频率
0.83~0.96	0.632	4	0.22
0.96~1.09	0.738	2	0.11
1.09~1.22	0.843	2	0.22
1.22~1.35	0.948	1	0.45
Σ	—	9	1

表3-2~表3-7统计数据可以总结出纵向裂缝、横向裂缝与各尺寸比的频率分布结果见表3-8示。

表3-8 纵向裂缝、横向裂缝与尺寸比的概率分布

	拱厚比 *gh*	拱宽比 *gtk*	拱跨比 *gk*
纵向裂缝	多项式分布	正态分布	正态分布
横向裂缝	指数分布	指数分布	指数分布

3.2.3 靠崖窑尺寸失效模式的可靠性分析

靠崖窑结构尺寸的分布形式和相关性，直接影响着窑洞稳定性分析的精度。为了将相关和非正态分布的变量变化到独立的正态分布空间，为此本文运

用一次二阶矩法和独立正态随机变量可靠度计算方法（JC 法）来研究基于靠崖窑结构尺寸失效模式下裂缝变形破坏的可靠性分析。本节主要从两种裂缝类型来探讨可靠性的求解过程，即纵向裂缝和横向裂缝。

根据定义式，土体构筑物的可靠性可以根据分布概率直接积分求解来获得可靠度。但是在实际应用中，由于概率密度函数的复杂性和随机变量的多样性，在大多数情况下，是不能直接求解积分式得到解析解。所以对于土体结构的可靠度分析，更多的是采用近似算法。针对单一失效模式的结构可靠性分析，目前常用的近似算法主要有：一次二价矩法，二次二价矩法，原始空间分析法，蒙特卡洛法，统计矩法等[100～103]。其中一次二价矩法应用最多，在土体结构可靠度理论中占有重要地位，在我国已形成统一标准。文中也将采用一次二价矩法和 JC 法来研究靠崖窑结构尺寸效应（包括拱宽比 gtk、拱厚比 gh 和拱跨比 gk）对其裂缝破坏的规律性。

3.2.3.1 一次二阶矩法

（1）纵向裂缝

1）拱宽比 gtk 可靠度的计算方法，其功能函数的极限状态方程为

$$Z = f(gtk,\ gk) = gtk - mgk = 0\ (m\ \text{为常量}) \tag{3-1}$$

该算例中功能函数 Z 的均值为：

$$u_Z = f(gtk_1,\ gtk_2,\ \cdots,\ gtk_{16}) + \sum_{i=1}^{16} \left.\frac{\partial f}{\partial gtk_i}\right|_m (u_{gtk_i} - gtk_i) = 1.16 \tag{3-2}$$

功能函数 Z 的标准方差为：

$$\sigma_Z = \left[\sum_{i=1}^{16} \left(\left.\frac{\partial f}{\partial gtk_i}\right|_m \sigma_{gtk_i} \right)^2 \right]^{1/2} = 0.101 \tag{3-3}$$

根据结构可靠度指标 β 的定义，有

$$\beta_{gtk} = \frac{u_Z}{\sigma_Z} = \frac{f(gtk_1,\ gtk_2,\ \cdots,\ gtk_{16}) + \sum_{i=1}^{16} \left.\frac{\partial f}{\partial gtk_i}\right|_m (u_{gtk_i} - gtk_i)}{\left[\sum_{i=1}^{16} \left(\left.\frac{\partial f}{\partial gtk_i}\right|_m \sigma_{gtk_i} \right)^2 \right]^{1/2}} = 11.49 \tag{3-4}$$

2）用上述同样的方法可得拱跨比 gk 可靠度计算方法

$$\beta_{gk}=\frac{u_Z}{\sigma_Z}=\frac{0.977}{0.007}=139.57 \tag{3-5}$$

3)用上述同样的方法可得拱厚比 gh 可靠度计算方法

$$\beta_{gh}=\frac{u_Z}{\sigma_Z}=\frac{1.16}{0.04}=29 \tag{3-6}$$

由上述可靠度指标 β 可以看出，当拱宽比 gtk 在 0.9 ~ 1.5 时或拱跨比 gk 在 0.85 ~ 1.15 时，窑洞出现纵向裂缝的破坏概率很大。

(2)横向裂缝

1)拱宽比 gtk 可靠度的计算方法，功能函数的极限状态方程为

$$Z=f(gtk,\ gk)=gtk-ngk=0\ (n\ 为常量) \tag{3-7}$$

功能函数 Z 的均值为：

$$u_Z=f(gtk_1,gtk_2,\cdots,gtk_8)+\sum_{i=1}^{8}\frac{\partial f}{\partial gtk_i}\bigg|_m(u_{gtk_i}-gtk_i)=1.744 \tag{3-8}$$

功能函数 Z 的标准方差为：

$$\sigma_Z=\left[\sum_{i=1}^{8}\left(\frac{\partial f}{\partial gtk_i}\bigg|_m\sigma_{gtk_i}\right)^2\right]^{1/2}=0.291 \tag{3-9}$$

根据结构可靠度指标 β 的定义，有

$$\beta_{gtk}=\frac{u_Z}{\sigma_Z}=\frac{f(gtk_1,gtk_2,\cdots,gtk_8)+\sum_{i=1}^{8}\frac{\partial f}{\partial gtk_i}\Big|_m(u_{gtk_i}-gtk_i)}{\left[\sum_{i=1}^{8}\left(\frac{\partial f}{\partial gtk_i}\Big|_m\sigma_{gtk_i}\right)^2\right]^{1/2}}=6 \tag{3-10}$$

2)用上述同样的方法可得拱跨比 gk 可靠度计算方法

$$\beta_{gk}=\frac{u_Z}{\sigma_Z}=\frac{1.026}{0.032}=32.1 \tag{3-11}$$

3)用上述同样的方法可得拱厚比 gh 可靠度计算方法

$$\beta_{gh}=\frac{u_Z}{\sigma_Z}=\frac{0.871}{0.02}=43.6 \tag{3-12}$$

由上述可靠度指标 β 可以看出，当拱厚比 gh 在 0.58 ~ 1.0，或拱跨比 gk 在 0.83 ~ 1.35，或拱宽 gtk 比 1.18 ~ 2.08 时，窑洞出现横向裂缝的破坏概率很大。

3.2.3.2 JC 法

文中只对横向裂缝拱厚比尺寸效应的指数分布规律进行分析，其他的分析步骤与之相同，不再阐述。

首先根据当量正态化条件，求出拱厚比当量正态量的均值 $u_{x'}$ 和标准差 $\sigma_{x'}$

$$u_{x'}=x^{*}-\varphi^{-1}[F_x(x^{*})]\sigma_{x'} \tag{3-13}$$

$$\frac{x^{*}-u_{x'}}{\sigma_{x'}}=\varphi^{-1}[F_x(x^{*})] \tag{3-14}$$

$$\sigma_{x'}=\frac{\varphi\{\varphi^{-1}[F_x(x^{*})]\}}{f_x(x^{*})} \tag{3-15}$$

$$f_x(x^{*})=\varphi(\frac{x^{*}-u_{x'}}{\sigma_{x'}})\frac{1}{\sigma_{x'}} \tag{3-16}$$

式中：φ，φ 分别为标准状态分布的密度函数和分布函数，$F()$，$f()$ 分别为非正态变量的分布密度函数和分布函数，x^{*} 为验算点，这里取样本均值 $x^{*}=u_x$。

根据表 3－1 的统计结果可以得出均值和标准差

$$u_x=0.871$$

$$\sigma_x=0.02$$

依据指数分布特征，得出参数 λ

$$\lambda=1.148$$

$$f(x)=1.148\mathrm{e}^{-1.148x}$$

$$F(x)=1-\mathrm{e}^{-1.148x}$$

根据当量正态化条件

$$u_x=0.866$$

$$\sigma_{x'}=0.014$$

这时可以得到可靠度指标

$$\beta_{gk}=\frac{u_{x'}}{\sigma_{x'}}=\frac{0.866}{0.014}=61.86$$

由此可以看出当拱厚比 gh 在 0.58～1.0，窑洞出现横向裂缝的破坏概率很大，而所得单失效模式下 JC 法预测结果比一次二阶矩法要好。

3.3 靠崖窑土拱曲线的优化选型

靠崖窑土拱曲线的合理形式和结构尺寸对窑洞的稳定性会产生重要的影响，在靠崖窑开挖过程中，采用何种曲线是窑民们最关心的话题。现在他们常常根据传统经验，大都采用高矢拱、小跨度、宽窑腿的窑洞形式建造，已积累了宝贵的实践经验。本文基于遗传全局优化算法来探讨靠崖窑合理的结构尺寸以保证窑洞的稳定性和安全性。遗传算法是模拟生物在自然环境中的遗传和进化过程而成的一种自适应全局优化概率搜索的智能算法。该算法起源于 20 世纪 60 年代对自然环境和人工适应系统的研究，在 70 年代，De Jong 教授基于遗传算法的电算程序在计算机上进行了大量数学函数的优化计算和模拟实验，取得了很多研究成果。目前，遗传算法在机械工程、人工智能、土木工程、水利、矿业工程、工程管理等工程界已被广泛应用[104~110]。譬如在土木工程领域：运用遗传算法进行复杂边坡滑动面的搜索、隧道塑性区滑动带的搜索、基坑滑动面的搜索、水坝塑性区的搜索等。本文依据前人的研究成果运用遗传算法全局搜索靠崖窑土体结构合理的尺寸界限以满足其稳定性为目的进行研究。

遗传算法的基本操作主要有：选择操作、交叉操作和变异操作。

3.3.1 遗传算法的计算流程[111]

(1)适应度函数

适应度函数实际上是对应于最优化的目标函数，在目标函数的优化求解过程中主要包括最小化问题和最大化问题，其取值见下式。

1)若求解的目标函数为最小化问题，则：

$$\mathrm{Fit}[f(x)]=\begin{cases}c_{\max}-f(x) & f(x)<c_{\max}\\ 0 & \text{其他}\end{cases} \tag{3-17}$$

2)若求解的目标函数为最大化问题，则：

$$\mathrm{Fit}[f(x)]=\begin{cases}f(x)-c_{\min} & f(x)>c_{\min}\\ 0 & \text{其他}\end{cases} \tag{3-18}$$

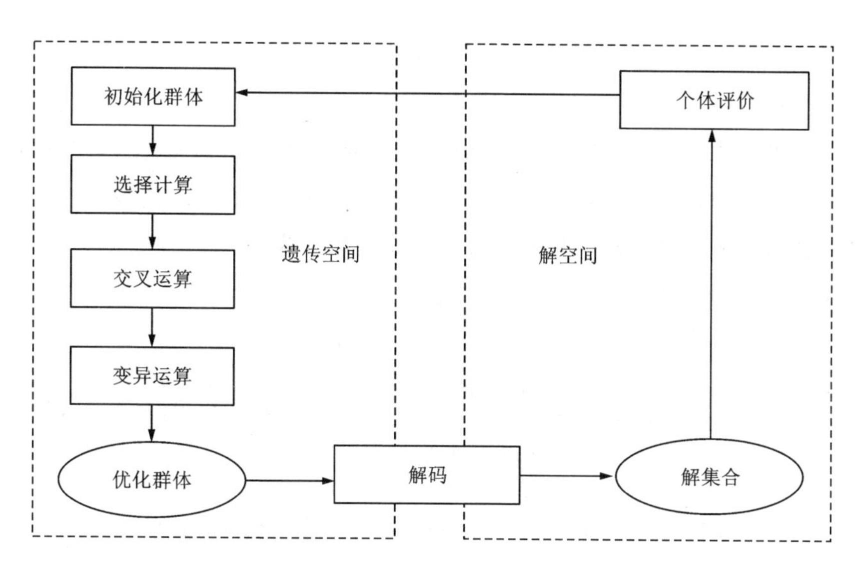

图3-2 遗传算法的流程图

式中：c_{max}和c_{min}为适应度函数$f(x)$界限的最大和最小估计值。

遗传算法在进化设计优化的全局搜索中一般不利用外在信息，仅以适应度函数Fit($f(x)$)值为计算依据，充分利用样本种群中样本个体的适应度值来进行和全局搜索。将个体适应度值大的样本遗传到下一代，个体适应度值小的样本被淘汰掉。因此遗传算法的成功与否与适应度函数及其最大和最小估计值的精确程度至关重要，直接影响到遗传算法的有效性、合理性。确定适应度函数必须满足该函数是单值、连续、非负、最大化等要求，而且计算量要小、通用性要强，甚至还需将适应度函数的函数进行界定(如线性、幂函数、指数规则)以便尺度变换。

文中研究主要是针对减少靠崖窑的裂缝满足稳定性为目标，将结构尺寸的设计进行优化，因此将已拱厚比，拱宽比和拱跨比与最小限值的差值定为目标函数，求解目标函数的最大化问题，这样适应度函数可取为：

$$F(x)=f(gh)-a \tag{3-19}$$

$$F(x)=f(gtk)-b \tag{3-20}$$

$$F(x)=f(gk)-c \tag{3-21}$$

(2)选择操作

1)比例选择法

比例选择法的基本思想是：样本个体被确定并遗传到下一代的概率值与该个体适应度值成正比。实际上这个操作属于随机选择，是最常用、最简单的一种选择方法。但是随机操作会导致选择误差，甚至出现适应度值较高的个体在选择操作过程中也被淘汰。比例选择法的一般步骤为：

①对每个染色体(字符串个体)，进行概率计算：

$$q_i=\begin{cases}q_0=0\\ q_i=\sum_{j=1}^{i}\dfrac{\mathrm{Fit}(X_j)}{\sum_{i=1}^{N_{\mathrm{POP}}}\mathrm{Fit}(X_i)}\end{cases}\quad i=1,2,3,\cdots,N_{\mathrm{POP}}\tag{3-22}$$

式中：q_i 为第 i 个个体的概率；$\mathrm{Fit}(X_i)$ 为第 i 个个体的适应度值。

②从区间[0，1]中随机选择一个数 r；若随机数满足：$q_{i-1}<r\leqslant q_i$，则选择第 i 个染色体 $X_i(1\leqslant i\leqslant N_{\mathrm{pop}})$；

③重复步骤①、②，共 N_{pop} 次，这样可以获得 N_{pop} 个复制的染色体，即(X_1'，X_2'，…，$X_{N_{\mathrm{pop}}}'$)。

2)最优保存原则

最优保存原则是将当前适应度值最高的个体进行保存，不参与交叉操作和变异操作，而是直接替换掉该代群体中适应度值最低的个体。其目的是保证该代群体中的最优个体不会被随机进行的遗传操作所淘汰掉。但最优保存原则会使得在局部范围内某个最优个体不易被淘汰并且会迅速扩散，造成遗传算法在局部范围就提前结束搜索，影响全局搜索的求解效果。因此，最优保存原则一般应与其他方法配合使用。

3)排序选样法

排序选样法是将群体中所有个体适应度的值按其大小进行排序，根据这个排序计算的结果确定各个个体被选择的概率。该方法着重于群体中个体适应度之间的大小关系，但是对适应度取正值或负值以及适应度的数值差异性并没有特别的要求。

(3)交叉操作

交叉操作首先是定义参数 p_c 的一个值将它作为交叉操作的概率，这个概率说明了种群中有期望值为 $N_{pop} \cdot p_c$ 个字符串个体要进行交叉操作。交叉操作是把两个父体的部分字符结构按一定的规则加以替换并重新生成新个体的操作。通过交叉操作，遗传算法的全局搜索能力和寻找其优化值得以快速提高。交叉操作是遗传算法在进化过程中获得新个体的最重要手段，也是很关键的一步。

1）二进制交叉

交叉操作一般分为点式交叉和均匀交叉，其中点式交叉操作又可分为单点交叉和多点交叉。单点交叉是在两个父串上随机地选择一个杂交点，然后交换两个串对应的子串，如图3-3。多点交叉是一次性确定多个交叉点，然后间断地交换该父串的对应的子串，如图3-4。

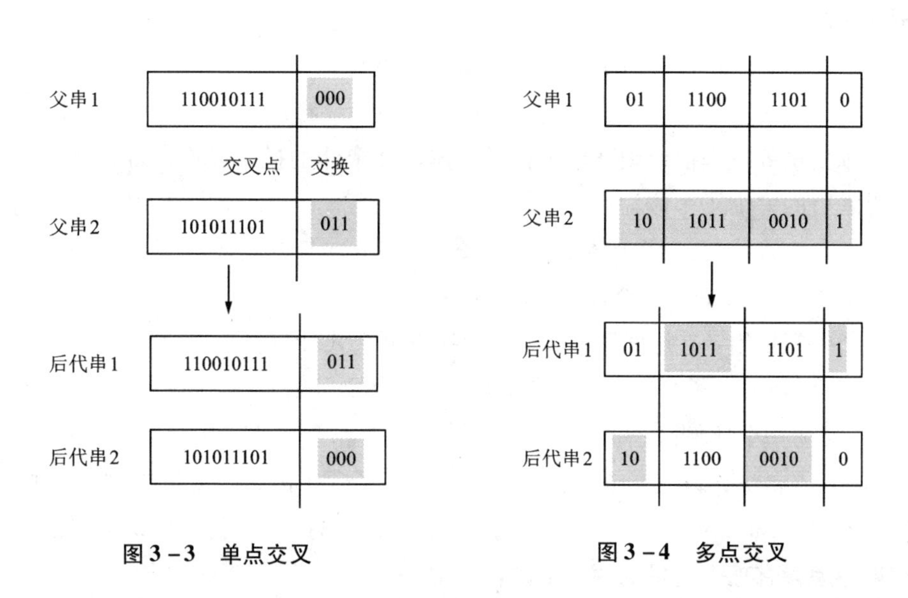

图3-3　单点交叉　　**图3-4　多点交叉**

单点交叉和多点交叉的定义使得群体中的个体在交叉点处分成多个片段。均匀交叉则更加广义化，将每个个体均作为交叉操作的交叉点。随机地产生与个体等长的0~1编码，该编码中的片段表明了父体向子体提供的变量值。

父个体1　　0 1 1 1 0 0 1 1 0 1 0

父个体2　　1 0 1 0 1 1 0 0 1 0 1

编码样本(1表示父个体1提供变量值，0表示父个体2提供变量值)：

样本1　　0 1 1 0 0 0 1 1 0 1 0

样本2　　1 0 0 1 1 1 0 0 1 0 1

交叉后两个新个体为：

子个体1　　1 1 1 0 1 1 1 1 1 1 1

子个体2　　0 0 1 1 0 0 0 0 0 0 0

从上面可以看出，均匀交叉类似于多点交叉操作，均匀交叉可以减少二进制编码的长度和给定的特殊参数编码之间的偏差。均匀交叉的算法与离散重组的算法是等价的。在二进制交叉操作方法中除单点交叉、多点交叉和均匀交叉操作外，还有顺序交叉、循环交叉、洗牌交叉等，因篇幅本文不予一一介绍。

2)浮点(实值)交叉

①离散重组：是在群体个体之间进行交换变量的值。考虑如下含有三个变量的个体：

父个体1　　12　　25　　5

父个体2　　123　　4　　34

按变量等概率值原则随机进行子个体对父个体的挑选操作，如上例，离散重组之后的一个子个体为：

子个体1　　123　　25　　5

子个体2　　12　　4　　5

②中间重组：是在群体个体的产生按下列公式计算：

$$子个体 = 父个体1 + \alpha(父个体2 - 父个体1) \tag{3-23}$$

式中：α 为一个比例因子。

α 可在[0, 1]均匀分布中随机产生。其中子代中的每个变量值按上面的表达式(3-23)进行计算，过后要对每个变量重新选择一个新的比例因子 α 值。如果考虑含有三个变量的两个个体：

父个体1　　12　　25　　5

父个体2　　123　　4　　34

α 值的样本为：

样本1　　0.5　　1.1　　0.1

样本2　　0.2　　0.8　　0.5

计算出新的个体为：

子个体1　　67.5　　1.9　　7.9

子个体2　　34.2　　8.2　　19.5

（3）变异算子

交叉操作之后接着是进行子代的变异操作，子个体变量以很小的概率或步长产生变异，变量变异的概率或步长与维数（即变量个数）成反比，与种群的大小无关。如定义参数 p_m 作为遗传系统中的变异概率，这个变异概率值就表明种群中有 $N_{pop} \cdot p_m$ 个染色体（字符串）进行了变异操作。变异本身是一种局部随机搜索，与选择/交叉算子结合在一起，保证了遗传算法的有效性和局部性，使遗传算法具有局部的随机搜索能力；同时又使得遗传算法保持种群的多样性，以防止出现非成熟收敛。在变异操作中，变异概率不能取得太大，如果变异概率大于 0.5，遗传算法就退化为随机搜索，而遗传算法中一些重要的数学特性和搜索能力也不复存在。

1）二进制变异

对于二进制编码的个体而言，变异意味着变量的翻转。对于每个个体，变量的改变是随机的，类似于交叉操作，随机产生变异的父代，将所选父代的某一取反，即若是 1，则变为 0；若是 0，则变为 1；如图 3－5 所示，共 12 位变量的父代个体，第 10 位发生了翻转形成后代。变异的效果依赖于实际的编码方法。除了上述基本变异法外，还有其他的变异方法，如换位、复制、插入、删除等。

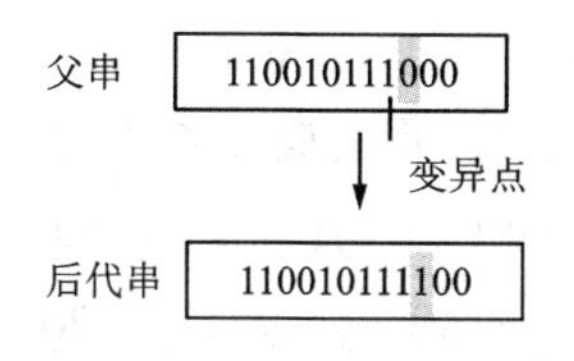

图 3－5　变异操作

2）浮点（实值）变异

通常采用如下的变异算子：

$$X' = X \pm 0.5L\Delta \tag{3-20}$$

其中，$\Delta = \sum_{i=0}^{m=1} \frac{a(i)}{2^i}$

$a(i)$ 以概率 $1/m$ 取值为 1，以 $1-1/m$ 取值为 0，通常 $m=20$

式中：L 为变量的取值范围；X 为变异前变量取值；X' 为变异后变量取值。

以上是遗传算法求解的主要步骤，其具体计算流程如下：

(1)确定遗传参数，即确定种群 N_{yd}，交叉概率 P_c，变异概率 P_m，最大进化代数 T_{max}。

(2)初始进化代数 $t \to 0$，在变量的范围内随机产生 N_{yd} 个个体作为初始种群 $P(0)$。

(3)计算靠崖窑结构尺寸目标函数值。

(4)计算群体 $P(t)$ 中各个个体的适应度值，进行个体评价。

(5)根据各个个体的适应度，按比例选择法进行选择操作，并进行选择。

(6)对群体中的每个个体，以较小的变异概率 p_m 执行变异操作。

(7)将群体中个体随即配对，对每个个体以交叉概率 p_c 执行交叉操作。

(8)如 $t < T$，则 $t \leftarrow t+1$，转第(3)步，若达到收敛条件或 $t \geqslant T$，则输出当前最优个体，终止计算。

3.3.2 算例

依据课题组对豫西北地区 30 处靠崖窑进行的现场观测和调查结果，文中仅针对 16 处窑室土体纵向裂缝情况，探讨分析遗传算法选取靠崖窑优化曲线的过程。首先将拱厚比、拱宽比和拱跨比的结构尺寸与其下限值的差值定为目标函数，通过遗传算法搜索其合理、有效的拱曲线。

根据式(3-19)~式(3-21)得适应度函数为：

$$F(x) = f(gh) - 1.09$$

$$F(x) = f(gtk) - 1.20$$

$$F(x) = f(gk) - 1.00$$

遗传算法的计算参数如下：

群体大小：$N_{yd} = 16$

进化代数：$T_{max} = 40$

交叉概率：$p_c = 0.70$

变异概率：$p_m = 0.05$

通过遗传算法求解可得到的结果见图 3-6。

图 3-6 中的三条曲线分别为拱厚比 gh、拱宽比 gtk 和拱跨比 gk 群体中个体适应度的值，在进化代数达 40 次后，各群体中的个体适应度具有明显的特

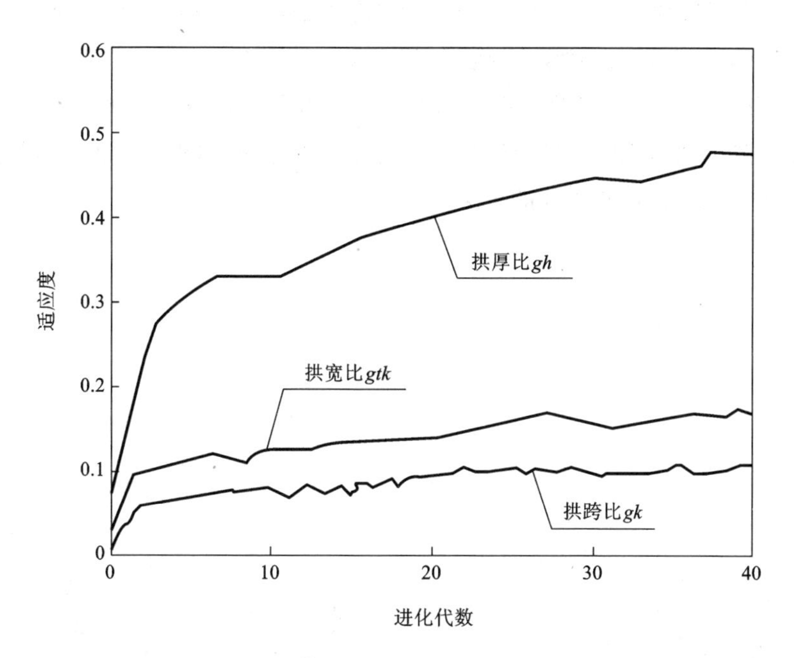

图 3-6　遗传算法对靠崖窑纵向裂缝的分析结果

征：拱厚比仍具有缓慢增长的趋势，拱宽比和拱跨比都已趋向于各自渐进值，分别为 0.12 和 0.08，这与上节破坏概率的分析结果较吻合，充分说明窑室结构尺寸效应对靠崖窑裂缝的产生和其稳定性有重要的影响，分析结果能为靠崖窑在构筑过程中选取合理的拱曲线提供借鉴。

3.4　小结

(1)根据现场调研和数理统计理论，总结出了靠崖窑的破坏类型，并发现纵向裂缝的存在与拱宽比和拱跨比成正态分布；横向裂缝的存在与拱厚比、拱宽比和拱跨比成指数分布。说明了窑室的尺寸效应对其裂缝的形成和靠崖窑的稳定性有重要的影响。

(2)运用一次二阶矩法和独立正态随机变量可靠度计算方法(JC 法)得出了尺寸效应单失效模式下的靠崖窑的可靠度指标。统计结果显示：当拱宽比 *gtk* 在 0.9～1.5 时或拱跨比 *gk* 在 0.85～1.15 时，窑洞出现纵向裂缝的破坏概率很大；当拱厚比 gh 在 0.58～1.0，或拱跨比 gk 在 0.83～1.35，或拱宽 gtk 比 1.18～2.08 时，窑洞出现横向裂缝的破坏概率很大。

(3)通过遗传全局最优化算法对靠崖窑结构尺寸效应进行了优化选型，计算结果与破坏概率的分析结果较吻合，充分说明窑室结构尺寸效应对靠崖窑裂缝的产生和其稳定性有重要的影响。

第4章 流固耦合作用下靠崖窑稳定性研究

4.1 引言

降雨渗透是一种最常见的自然现象，在雨水渗透过程中对工程结构物的稳定性产生重要的影响，甚至还会发生灾害，其中降雨对靠崖窑土体结构稳定性主要表现出的是不利影响，在雨水渗透过程中窑洞土体的抗压强度、抗剪强度都会明显减弱，土体自重增加，加上雨水渗透力的作用会导致窑脸剥落和碎落、窑顶局部滑塌、窑洞整体滑塌、窑洞裂缝、洞内土层剥落、窑内渗水和窑洞冒顶等破坏，甚至发生灾害[7, 112]。据调查和大量文献资料显示，土体结构物的破坏其中最主要的因素就是受降雨的影响。关于土体结构物的应力场与渗流场的耦合影响以及土体固结理论在土体结构稳定性的应用是当前广大科技工作人员研究的热门话题，也是困难而复杂的课题。虽然在土体的应力场、渗流场与温度场的研究中已取得了不少的研究成果，这主要集中在岩土边坡、隧道、深基坑、水利水电、矿山岩土等工程[113~125]，但是有针对性地关于多场效应，如应力场、渗流场、固结、蠕变、损伤、断裂等效应对靠崖窑土体结构稳定性影响的研究报道和科技文献太少。这主要是由于窑洞土体材料的多相性、各向异性、空间分布的差异性、微细观力学特性等原因没有被得到关注。为此本章先从降雨渗流场的特点进行理论分析，并运用功能强大的有限差分数值软件FLAC3D 和内嵌的开发语言 FISH 修改和调试既有的本构模型并结合台梯多孔成列靠崖窑的算例来研究渗流应力场对靠崖窑稳定性的影响，以此验证文中理论推导的可行性和有效性。

靠崖窑是典型的生土构筑物，窑洞土体中存在大量的节理裂隙，其裂隙的分布、扩展、成核、贯通和相互作用对靠崖窑土体结构的力学性能会产生显著的影响，加上雨水在裂隙中的力学效应、化学效应和物理效应还可以导致土体结构的强度进一步劣化直至破坏。

目前在土体工程稳定性分析方法与工程应用中，几乎没有例外地采用极限平衡法、极限分析法和工程地质类比法，该类方法简单，物理意义明确，参数容易获取已在工程界得到广泛应用。通过工程实例和科技文献显示[126~128]：针对土体结构中的水相变化对其结构稳定性的影响，工程上一般采用简化方法，首先粗略地计算在饱和渗流场作用下的孔隙水压力，然而再采用上述方法进行分析和评价，这样得到的计算结果往往与现场不相吻合。实际上孔隙水压力的变化对土体结构稳定性的影响是一个相当复杂的问题，极限平衡法和极限分析法在考虑渗流场的计算过程中有太多的假定，同时该类方法又不能得到渗流作用下的应力、应变、位移塑性区等关键量的分布特征，在研究和应用中有其局限性。

从降雨渗流的角度而言靠崖窑土体的渗流分析必须是一种将考虑窑洞土体非饱和、饱和影响的渗流与由于水位变化和渗透参数变化的非稳定渗流相结合起来的非饱和、饱和非稳定渗流分析过程[129]。为此，本章主要针对靠崖窑土体结构的特点，探讨饱和、非饱和非稳定降雨渗流对靠崖窑土体结构的稳定性的影响，并运用有限差分数值方法进行算例验证评价，重点讨论降雨渗流作用对靠崖窑土体结构的孔隙水压力、塑性区和垂直位移的变化特征，并给出一些初步的研究成果。

在工程土体渗流场的数值模拟计算中，大多科技人员的注意力主要集中在饱和区地下水的流动，而对土体非饱和区域水体的渗流和应力场的耦合分析研究比较少，而有关靠崖窑土体结构的渗流场分析资料更少[130~135]。大量实例计算发现，在靠崖窑结构中仅仅考虑饱和区的渗流是不能正确反映整个研究范围的渗流情况和稳定性评价，这样产生的结果不合理，也不全面，并且对一些比较复杂棘手的雨水渗流问题可能出现不符合实际的结果或错误的结果，实际上非饱和区水的运动和渗流对土体结构的力学行为有更重要作用。

4.2 多孔饱和土体的渗流方程

4.2.1 饱和土体的渗流模型

由土力学可知，土体是由固体颗粒、孔隙水和孔隙气三相组成，是一种结构性的材料。土体多孔介质是以固体颗粒为骨架，孔隙均匀地分布在土体中。本文研究的对象是靠崖窑土体结构物，在渗流过程中将其视为多孔、均质、连续的介质。水相分布在孔隙中，对孔隙的作用力称为孔隙水压力，在饱和状态下孔隙水压力取正值，而在非饱和状态下孔隙水压力为负值，然而关于土体工程渗流计算模型的选择以及定量准确地确定模型中孔隙水的力学参数，建立渗流方程还很困难，这是制约渗流理论发展和工程应用的重要因素之一。因此研究简易与适用的渗流计算模型以及对渗流参数的工程处理，对于靠崖窑土体渗流的研究具有重要的意义。

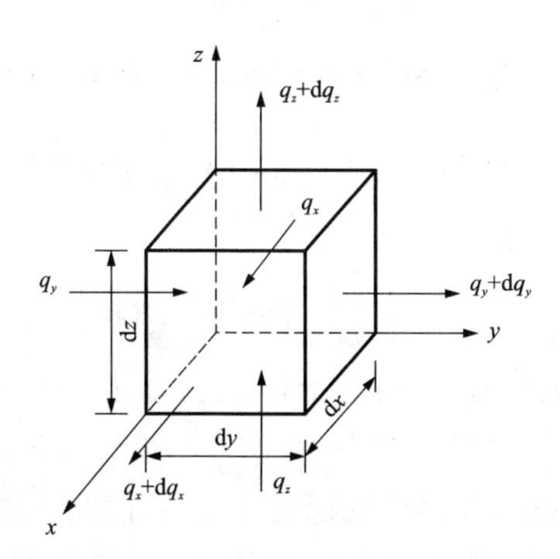

图4－1 单元体渗流示意图

在土体多孔连续介质饱和渗流的分析过程中建立渗流方程是首先面临的问题，通常取图4－1所示的单元体来进行渗流方程的推导。在渗流过程中，单位时间内流进单元体主方向的流量分别为：

$$q_{ix}=\gamma_{w}v_{x}\mathrm{d}x\mathrm{d}y\mathrm{d}z \tag{4-1}$$

$$q_{iy}=\gamma_{w}v_{y}\mathrm{d}x\mathrm{d}y\mathrm{d}z \tag{4-2}$$

$$q_{iz}=\gamma_{w}v_{z}\mathrm{d}x\mathrm{d}y\mathrm{d}z \tag{4-3}$$

流出单元体主方向的流量分别为：

$$q_{ox}=\left(v_{x}+\frac{\partial v_{x}}{\partial x}\mathrm{d}x\right)\mathrm{d}y\mathrm{d}z \tag{4-4}$$

$$q_{oy}=\left(v_{y}+\frac{\partial v_{y}}{\partial y}\mathrm{d}y\right)\mathrm{d}x\mathrm{d}z \tag{4-5}$$

$$q_{oz}=\left(v_{z}+\frac{\partial v_{z}}{\partial z}\mathrm{d}z\right)\mathrm{d}x\mathrm{d}y \tag{4-6}$$

在主方向上的流量之差为：

$$\Delta q_{x}=\gamma_{w}\frac{\partial v_{x}}{\partial x}\mathrm{d}x\mathrm{d}y\mathrm{d}z \tag{4-7}$$

$$\Delta q_{y}=\gamma_{w}\frac{\partial v_{y}}{\partial y}\mathrm{d}x\mathrm{d}y\mathrm{d}z \tag{4-8}$$

$$\Delta q_{z}=\gamma_{w}\frac{\partial v_{z}}{\partial z}\mathrm{d}x\mathrm{d}y\mathrm{d}z \tag{4-9}$$

这样可以得到在单位时间单元体水量的变化量 Δq 的表达式

$$\Delta q=\left(\gamma_{w}\frac{\partial v_{x}}{\partial x}+\gamma_{w}\frac{\partial v_{y}}{\partial y}+\gamma_{w}\frac{\partial v_{z}}{\partial z}\right)\mathrm{d}x\mathrm{d}y\mathrm{d}z \tag{4-10}$$

根据 Darcy 定律可表示为：

$$v_{i}=k_{i}\frac{\partial H}{\partial x_{i}}\quad(i=1,\ 2,\ 3) \tag{4-11}$$

式中：H 为总水头；k_i 为主方向上的渗透系数；v_i 为主方向上的流速；γ_w 为水的容重。

针对靠崖窑土体分布主要是黄土体，黄土具有很强的结构性，在竖直方向上存在大量的节理裂隙，水平方向较少，因此在饱和渗流过程中，主要表现为竖直方向的渗透，其流量也是主要体现在该方向上，即 $k_z \gg k_x$ 和 $k_z \gg k_y$，通过式(4－10)可以得到竖直方向的流量为

$$\Delta q=\gamma_{w}\frac{\partial v_{z}}{\partial z}\mathrm{d}x\mathrm{d}y\mathrm{d}z \tag{4-12}$$

式(4-12)的流量变化率为

$$\Delta \dot{q} = \gamma_{w} \frac{\partial \dot{v}_{z}}{\partial z} \mathrm{d}V \tag{4-13}$$

式(4-13)由高斯公式可以得到

$$\Delta \dot{q} = \gamma_{w} \dot{v}_{z} \mathrm{d}S = \gamma_{w} \dot{v}_{z} \mathrm{d}x\mathrm{d}y \tag{4-14}$$

由 Darcy 定律，式(4-11)变为

$$v_{z} = k_{z} \frac{\partial H}{\partial z} \tag{4-15}$$

将式(4-15)代入式(4-14)

$$\Delta \dot{q} = \gamma_{w} k_{z} \frac{\partial \dot{H}}{\partial z} \mathrm{d}x\mathrm{d}y \tag{4-16}$$

由此可以看出水在黄土垂直裂隙中的流量变化率与沿流程的水头损失率有很大的关系。

4.2.2 饱和土体的渗流方程

在雨水渗流过程中，由于黏土颗粒扩散层的阻碍使得雨水在黏土孔隙内的流速一般很小，在计算中其速度水头时常常被忽略，此时总水头为位置水头与压力水头之和，即[129]

$$H = \frac{\mu_{w}}{\gamma_{w}} + z \tag{4-17}$$

式中：μ_{w} 为孔隙水压力，z 为位置高度。

将式(4-11)和式(4-12)代入式(4-10)得到流量的变化量为

$$\Delta q = \sum_{i=1}^{3} \gamma_{w} \left[\frac{\partial}{\partial x_{i}} \left(k_{i} \frac{\partial H}{\partial x_{i}} \right) \right] \mathrm{d}x\mathrm{d}y\mathrm{d}z \tag{4-18}$$

由流体渗流过程中的质量守恒定律可知，流量的变化量 Δq 等于水体质量随时间的变化率，其关系表示式见式(4-14)。设多孔介质的孔隙度为 n，水体质量为 m_{w}，则单元体内水体所占的质量 m_{w} 为

$$m_{w} = \gamma_{w} n \mathrm{d}x\mathrm{d}y\mathrm{d}z \tag{4-19}$$

水体质量随时间的变化率为

$$\frac{\partial m_{w}}{\partial t} = \gamma_{w} n \frac{\partial V}{\partial t} + \gamma_{w} V \frac{\partial n}{\partial t} + nV \frac{\partial \gamma_{w}}{\partial t} \tag{4-20}$$

结合式(4-18)~式(4-20)可以得到渗流方程:

$$\sum_{i=1}^{3}\gamma_{w}\left[\frac{\partial}{\partial x_{i}}\left(k_{i}\frac{\partial \dot{H}}{\partial x_{i}}\right)\right]\mathrm{d}x\mathrm{d}y\mathrm{d}z = \gamma_{w}n\frac{\partial V}{\partial t}+\gamma_{w}V\frac{\partial n}{\partial t}+nV\frac{\partial \gamma_{w}}{\partial t} \tag{4-21}$$

其中, $V=V_n+V_s$

式中: n 为孔隙度; V_n 为孔隙的体积; V_s 为固体颗粒的体积。

根据孔隙度定义, 孔隙度随时间的变化率为

$$\frac{\partial n}{\partial t}=\frac{1}{V}\frac{\partial V_n}{\partial t}-\frac{V_n}{V^2}\frac{\partial V}{\partial t} \tag{4-22}$$

把式(4-22)代入式(4-21), 则右侧变化为

$$\sum_{i=1}^{3}\gamma_{w}\left[\frac{\partial}{\partial x_{i}}\left(k_{i}\frac{\partial \dot{H}}{\partial x_{i}}\right)\right]\mathrm{d}x\mathrm{d}y\mathrm{d}z = \gamma_{w}\frac{\partial V_n}{\partial t}+V_n\frac{\partial \gamma_{w}}{\partial t} \tag{4-23}$$

根据靠崖窑黄土体在竖直方向上的优势节理分布特征, 上式可变化为

$$k_z\frac{\partial \dot{H}}{\partial z}\mathrm{d}x\mathrm{d}y\mathrm{d}z=\gamma_{w}\frac{\partial V_n}{\partial t}+V_n\frac{\partial \gamma_{w}}{\partial t} \tag{4-24}$$

由高斯公式可以得到

$$k_z\dot{H}_z\mathrm{d}x\mathrm{d}y=\gamma_{w}\frac{\partial V_n}{\partial t}+V_n\frac{\partial \gamma_{w}}{\partial t} \tag{4-25}$$

若不考虑水的体积变化, 即$\frac{\partial \gamma_w}{\partial t}=0$, 式(4-21)变为

$$\sum_{i=1}^{3}k_i\frac{\partial i_i}{\partial x_i}\mathrm{d}x\mathrm{d}y\mathrm{d}z = \gamma_{w}\frac{\partial V}{\partial t}+V\frac{\partial n}{\partial t} \tag{4-26}$$

若不考虑单元体的体积变化, 即$\frac{\partial V}{\partial t}=0$, 式(4-26)变为

$$\sum_{i=1}^{3}k_i\frac{\partial i_i}{\partial x_i} = V\frac{\partial n}{\partial t} \tag{4-27}$$

或

$$\sum_{i=1}^{3}\left[\frac{\partial}{\partial x_{i}}\left(k_{i}\frac{\partial H}{\partial x_{i}}\right)\right]\mathrm{d}x\mathrm{d}y\mathrm{d}z+\frac{\partial V_s}{\partial t} = 0 \tag{4-28}$$

(1)若渗流过程中土颗粒是不可压缩的, 则

$$\sum_{i=1}^{3}k_i\frac{\partial i_i}{\partial x_i}\mathrm{d}x\mathrm{d}y\mathrm{d}z = 0 \tag{4-29}$$

(2)若渗流过程中流入总量和流出总量保持不变, 即下式成立:

$$\sum_{i=1}^{3} k_i \frac{\partial i_i}{\partial x_i} = 0 \tag{4-30}$$

式中：i 为水力梯度。

以上渗流微分方程的定解条件为[129]

(1)水头边界条件

$$H(x, y, z, t) = H_0(x, y, z, t) \tag{4-31}$$

(2)流量边界条件

$$k_i \frac{\partial H}{\partial x_i} n_i = q_0 \tag{4-32}$$

(3)溢出面边界条件

$$k_i \frac{\partial H}{\partial x_i} n_i \geqslant 0 \quad 且 \quad H = z \tag{4-33}$$

(4)初始条件

$$H(x, y, z, t_0) = H_0(x, y, z, t_0) \tag{4-34}$$

以上是多孔介质饱和土体渗流方程的推导和求解，从多孔介质连续渗流场的微分方程可以看出，土体中的孔隙分布及大小，水力梯度、水头等关键量对渗流场的变化有重要影响，孔隙度随时间的变化越大，渗流速度变化大，其渗流量也大；水力梯度随时间的变化越大，渗流量也大。

4.3　多孔土体非饱和非稳态渗流分析

土体的非饱和非稳态渗流是非常复杂的，为简化研究，一般认为在非饱和土中水的非稳态渗流同饱和土中水的稳态渗流一样，都服从 Darcy 定律，但非饱和土非稳态渗流与饱和土中的稳态渗流差异性在于：非饱和土非稳态的渗透参数(如渗透系数 k 不是常量，而是随着体积含水量或非饱和土中基质吸力的变化而变化)是时间和空间的函数，各个时段和各位置处的渗透参数都不一样。而饱和土的稳态渗透参数都是常量，不随时间和空间的变化[129]。根据渗流过程中质量守恒定理和能量守恒定律，其非饱和土非稳态渗流控制方程为[129, 136]：

$$\frac{\partial}{\partial x_i}\left(k_{ij}\frac{\partial H}{\partial x_j}\right) + R = \rho_w g m_w \frac{\partial H}{\partial t} \tag{4-35}$$

式中：k_{ij}为渗透系数张量；ρ_w 为水的密度；R 为汇（源）项；m_w 为土水特征曲线的斜率。

其中，m_w 的表达式如下：

$$m_w = -\frac{\partial \theta_w}{\partial(\mu_a - \mu_w)} \tag{4-36}$$

式中：θ_w 为体积含水量；$(\mu_a - \mu_w)$为基质吸力（主要分布在非饱和土中），此时的孔隙水压力为负值。

若不考虑孔隙气压力的影响，渗流控制方程为

$$\frac{\partial}{\partial x_i}\left(k_{ij}\frac{\partial H}{\partial x_j}\right) + R - \gamma_w \frac{\partial \theta_w}{\partial \mu_w} \cdot \frac{\partial H}{\partial t} = 0 \tag{4-37}$$

将式(4－37)转化为

$$\frac{\partial v_i}{\partial x_j} + R - \frac{\partial \theta_w}{\partial t} - \gamma_w v_{wz} m_w = 0 \tag{4-38}$$

式中：v_{wz}为水在土体中垂直方向上的渗流速度。

根据靠崖窑黄土体在竖直方向上的优势节理分布特征，不考虑汇（源）项R，式(4－37)可变化为

$$k_z \frac{\partial i_z}{\partial z} - \gamma_w m_w \cdot \frac{\partial H_z}{\partial t} = 0 \tag{4-39}$$

(1) 在不考虑水的密度变化，结合式(4－27)，得

$$V\frac{\partial n}{\partial t} + n\frac{\partial V}{\partial t} - \gamma_w m_w \cdot \frac{\partial H_z}{\partial t} = 0 \tag{4-40}$$

(2) 在不考虑土体体积和水的密度变化，结合式(4－27)，得

$$V\frac{\partial n}{\partial t} - \gamma_w m_w \cdot \frac{\partial H_z}{\partial t} = 0 \tag{4-41}$$

以上渗流微分方程的定解条件为[129]：

(1) 水头边界条件

$$H(x, y, z, t) = H_0(x, y, z, t) \tag{4-42}$$

(2) 流量边界条件

$$k_i \frac{\partial H}{\partial x_i} n_i = q_0 \tag{4-43}$$

(3) 溢出面边界条件

$$k_i \frac{\partial H}{\partial x_i} n_i = q_\theta \quad 且 \quad H < z \tag{4-44}$$

式中：q_θ 为边界面法向流量。

(4)自由面边界条件(0压面)

$$H(x, y, z) = z \tag{4-45}$$

(5)初始条件

$$H(x, y, z, t_0) = H_0(x, y, z, t_0) \tag{4-46}$$

针对靠窑洞土体结构渗流的边界条件见图4-2示。

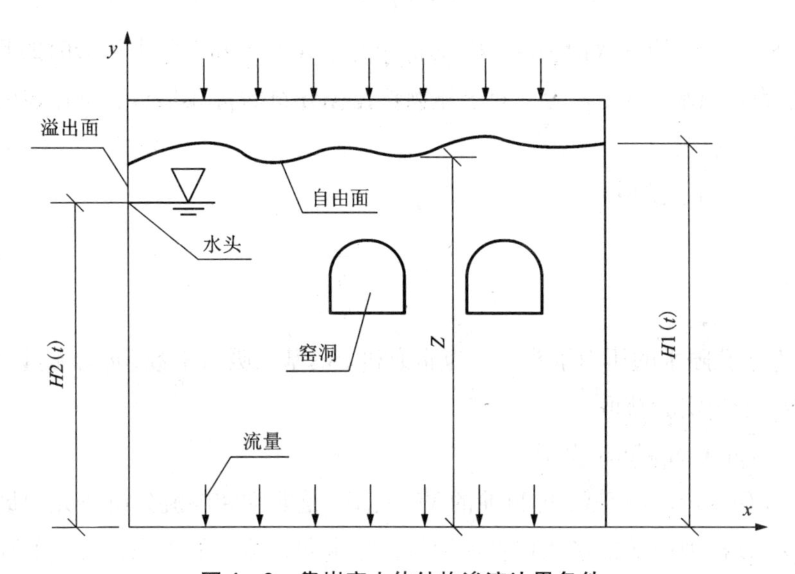

图4-2　靠崖窑土体结构渗流边界条件

比较饱和稳态渗流控制方程式(4-27)~式(4-31)，可看出非饱和非稳态渗流的计算主要受到基质吸力，即负孔隙水压力的影响以及渗透参数，如渗透系数、渗流速度、体积含水量等量的变化更显重要，其渗流方程的求解计算过程比饱和稳态渗流的计算远远要复杂和困难。针对非饱和土的非稳态渗流的研究，目前主要体现在土体的渗透系数与含水量或非饱和土的基质吸力与含水量的关系，相关模型主要有[137~142]：

(1)Mualem模型

1976年Mualem通过对土壤进行大量的渗透性实验，得出渗透系数 k 的表达式如下：

$$k(h)=\left[\frac{1}{1+(ah)^{n}}\right]^{m}\left(\frac{\int_{0}^{\theta}\frac{1}{h(x)}\mathrm{d}x}{\int_{0}^{1}\frac{1}{h(x)}\mathrm{d}x}\right)^{2} \tag{4-47}$$

式中：a、m、n 为无量纲的待定系数。

(2) Brooks - Corey 模型

$$S_{\mathrm{e}}=\left(\frac{P_{\mathrm{d}}}{P_{\mathrm{c}}}\right)^{-\lambda} \tag{4-48}$$

式中：S_{e} 为土体的有效饱和度；P_{d} 为能引起水在非饱和土体中渗透时的起始压力；P_{c} 为孔隙水压力；λ 为反映土体颗粒孔径分布的特征指数，与孔隙的大小和分布状况有关。

(3) Gardner 模型

$$k(h)=\frac{1}{1+\left(\frac{h}{h_{\mathrm{c}}}\right)^{n}} \tag{4-49}$$

式中：h 为孔隙水的压力水头；h_{c} 为非饱和土的基质吸力常数；n 为无量纲的待定系数，通过实验获取。

(4) Van Genuchten 模型

Van Genuchten 模型，即目前的 VG 模型，是非饱和渗流分析研究中最常用的模型，该模型中通常将体积含水量与孔隙水和孔隙气的关系，用一个数值模型来表示

$$S_{\mathrm{e}}=\left[\frac{1}{1+(\alpha P)^{n}}\right]^{m} \tag{4-50}$$

其中，

$$S_{\mathrm{e}}=\frac{\theta_{\mathrm{w}}-\theta_{\mathrm{r}}}{\theta_{\mathrm{s}}-\theta_{\mathrm{r}}}$$

$$m=1-1/n$$

式中：S_{e} 为土体的有效饱和度；P 为非饱和土中负孔隙水压力；θ_{s} 为饱和体积含水量；θ_{r} 为残余体积含水量

将式(4-50)与 Mualem 模型进行综合研究，可得到非饱和土体的相对渗透系数 k_{r}

$$k_{\mathrm{r}}=S_{\mathrm{e}}^{1/2}\left[1-(1-S_{\mathrm{e}}^{1/m})^{m}\right]^{2} \tag{4-51}$$

式(4 - 51)是工程上常用的 VG 渗流模型的计算式，当确定了模型中的参数时，就可以直接求解，并且该式还能完全反映非饱和土体的渗透性质，其中混合模型中的 4 个渗透参数，即 θ_s，θ_r，α，n 可以通过非饱和土渗透实验的土水特征曲线来求得。

综上所述，前人通过实验分析和理论推导建立了大量的数学模型，已在工程上得到了广泛的应用。总体可以看出，非饱和非稳态渗流与含水量、基质吸力有很大的关系，可以用非饱和土的土水特征曲线来说明(图 4 - 3)，其中基质吸力和含水量对非饱和土的抗压强度和抗剪强度特性有重要的影响。目前关于非饱和土的土水特征曲线研究已取得了不少的研究成果，也提出了各种适用的数学模型，包括 Fredlund 用对数函数和幂函数形式表达的数学模型、Van Genuchten 提出的幂函数形式的数学模型、土水特征曲线的各种分形模型以及包承纲教授提出的对数形式的土水特征曲线数学模型和黄润秋等提出的在进气值 S_a 处按 Taylor 级数展开的多项式数学模型等，还获取了近似解[143]。

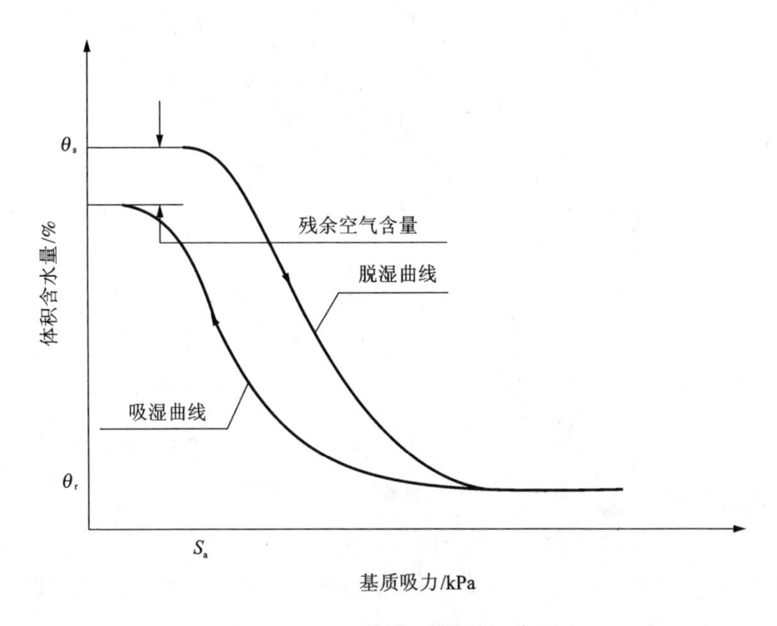

图 4 - 3　土水特征曲线的示意图

图中：θ_s 为饱和含水量；θ_r 为残余含水量；S_a 为进气值。

4.4 窑洞土体的非饱和渗流分析

窑洞开挖主要是在黄土中进行，黄土是一种具有竖向节理裂隙发育的特殊土，根据此结构特点，笔者运用含优势裂隙非饱和黄土中毛细水的分布特点，根据非饱和土的土水特征曲线的定义和特征，提出一种新的关于土体体积含水量与节理裂隙中的毛细水压力和毛细水上升高度的非饱和土的土水特征曲线模型，在文中取单位面积的土体，孔隙主要呈竖向均匀分布，其计算面积为单位高度和单位截面积(图 4－4)，并设非饱和土的基质吸力为 φ。

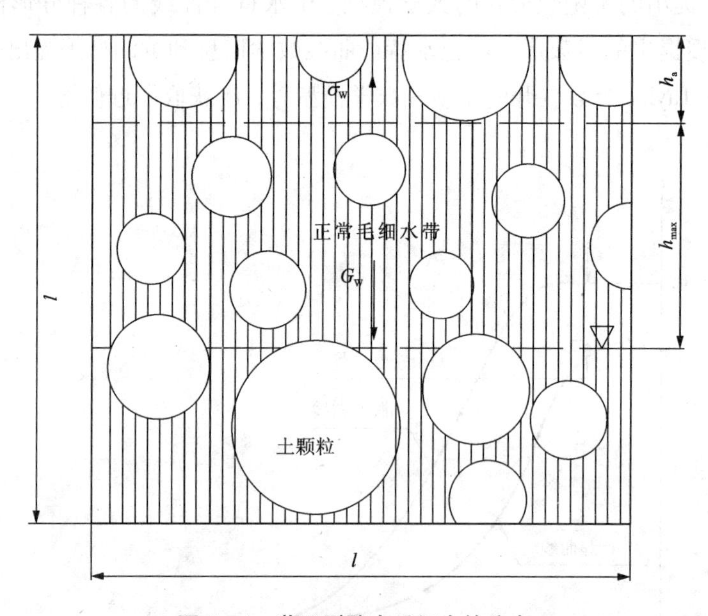

图 4－4　节理裂隙中毛细水的分布

图中：σ_w 为表面张力；G_W 为毛细水的重量；h_{max} 正常毛细水带的最大高度；h_a 为节理裂隙中孔隙气的分布范围。

根据基质吸力的定义：

$$\varphi = \mu_a - \mu_w \tag{4-52}$$

当与大气相通时，孔隙气压力为零，即 $\mu_a = 0$，$\varphi = -\mu_w$

根据土三相组成的体积关系，得：

$$V_a + V_s + V_w = 1 \tag{4-53}$$

分析节理裂隙中孔隙水在垂直方向上的静力平衡条件，得：

$$2\pi r \mu_w \cos\alpha = \gamma_w \pi r^2 h_{max} \tag{4-54}$$

式中：μ_a 为孔隙气压力，这里取 $\mu_a = 0$；μ_w 为节理裂隙中孔隙水压力；r 为节理裂隙的半径；h_{max} 为正常毛细水带的最大高度；α 为浸润角，当 $\alpha = 0$ 时，即认为是完全浸润现象，本文考虑的是完全浸润过程；V_a、V_w、V_s 分别为图 4-4 土体模型中的孔隙气、孔隙水、土颗粒所占的体积。

为便于研究，把竖向节理裂隙的半径和(理解为竖向孔隙孔径的和)等效为半径 R，于是单位面积的土体中，毛细水的面积 V'_w 为：

$$V'_w = \pi R^2 h_{max} \tag{4-55}$$

$$V_a + V_s = \pi (1-R)^2 (1-h_{max}) \tag{4-56}$$

$$\mu_w = \frac{\gamma_w h_{max}}{2} R \tag{4-57}$$

在非饱和土体中，式(4-57)所计算出来的孔隙水压力为负值，与表面张力 σ_w 在数值上是相等的，但方向相反，关系式如下：

$$\sigma_w = \mu_w = \frac{\gamma_w h_{max}}{2} R \tag{4-58}$$

根据土力学中体积含水量的定义，得：

$$\theta_w = \frac{V_w}{V} = \frac{V_w}{V_a + V_w + V_s} = V_w \tag{4-59}$$

结合式(4-56)，上式可以转化为：

$$\frac{1}{\theta_w} = \left(\frac{1}{R} - 1\right)^2 \left(\frac{1}{h_{max}} - 1\right) + 1 \tag{4-60}$$

结合式(4-57)和式(4-58)，上式可以转化为：

$$\frac{1}{\theta_w} = \left(\frac{\gamma_w h_{max}}{2\varphi} - 1\right)^2 \left(\frac{1}{h_{max}} - 1\right) + 1 \tag{4-61}$$

1) 当 $\varphi \to 0$ 时，$\theta = \theta_s$；

2) 当 $\varphi \to \infty$ 时，$\theta = \theta_r$。

以上分析是在单位面积非饱和土体中得出的结论，因此毛细水上升的最大高度位于区间，$0 \leqslant h_{max} \leqslant 1$，从式(4-54)、式(4-56)、式(4-57)、式(4-

61)可以看出，基质吸力和毛细水上升的最大高度对非饱和土体的体积含水量影响很大，也对节理裂隙中的孔隙水的渗流产生重要的影响，且当 $h_{max}=1$ 时(饱和状态)，$\varphi=0$；当 $h_{max}=0$ 时，$\varphi=\varphi_{max}$。

非饱和土的土水特征曲线表示了非饱和的渗透基本特性，所以它对非饱和渗流的研究及其他方面的探索均具有十分重要的作用。影响土水特征曲线的因素主要有：

(1)土体的粒度成分及矿物成分。一般说粘土矿物(如蒙脱石)或有机质含量越高，含水量也随之增大；

(2)土体的结构与构造。一般来说，吸力相同时，土体的密度越大、干容重越大的土体相应的含水量一般也越大；

(3)脱湿与吸湿时的含水量变化。在同一基质吸力下，一般脱湿时的含水量要大于吸湿时的含水量；

(4)土体中的气体。当土体孔隙中存在封闭气体时，会阻塞水的渗流，含水量偏小；

(5)结合水膜厚度。一般来说，当黏土颗粒的扩散层厚度增加时，土体的含水量较大；

(6)水的黏滞度。一般来讲，温度越高，黏滞度越小，含水量越大。

对于不同的土体结构类型、不同的孔隙分布特征，毛细水上升的高度和体积含水量的变化规律是不同的，相应的非饱和非稳态渗流发生的区域也不相同，这将最终导致渗流计算结果的差异性。通过上述公式推导可以得出，在黏性土体渗流中，黏土颗粒分布直径越小，其孔隙直径(即毛细管直径)越细，则孔隙中毛细水上升的高度就越大，而土体的渗透系数就越小；在土体渗流中，砂粒颗粒的直径越大，其孔隙直径(即毛细管直径)越大，则毛细水的上升高度越小，而土体的渗透系数越大，这些现象与实际较吻合，文中的推导是有效的。

综上所述，非饱和非稳态渗流场的分析计算远比饱和稳态渗流场的分析计算要复杂，这不仅表现在非饱和非稳态渗流方程比饱和稳态渗流方程要复杂，而且在非饱和渗流问题中土体材料的渗透参数及计算参数的选取也远比饱和稳态渗流问题更复杂，如土水特征曲线、渗透系数、体积含水量、渗流速度、毛细管中水、气的分布特征等都是影响非饱和非稳态渗流计算结果的重要参数。

4.5 流固耦合方程

工程结构体都赋存于一定的力学环境中，环境的改变势必对结构体的变形、应力，甚至稳定性都有重要的影响。其中降雨、蒸发、地下水的变化等是一种普遍的自然现象，它们的运移和变化直接会降低土体结构物的强度，劣化土体的力学性质，是灾害发生的积极因素，因此土体中的应力场和渗流场是土体环境力学中最重要的组成部分。在渗流过程中，土体的应力、变形和塑性区的分布状态也在不断调整，最终将趋于一种动态平衡。同时在渗流过程中，由于土体中水头差的变化，会引起水的渗流运动，水在土体中的渗流必然会产生渗流动水力，该力是以渗流体积力的形式作用于土体结构，土体的原有的运动状态会发生变化。在外部荷载的作用下，如自重应力，孔隙水压力发生改变，土体原有的平衡状态受到影响，土体的应力场也会发生改变，根据本构关系，应力场的改变会引起土体结构物的位移场随之变化，位移场的变化使得土体的结构性受到调整，如土体的孔隙比、孔隙率发生变化，这样必然会引起土体渗透性质的改变，渗流场也发生变化，渗透性的变化又会导致应力场、位移场的变化。此时水在土体渗流过程中，土体渗流场和应力场时刻都在相互影响，互相联系的关系就是通常所说的两场耦合，即渗流场-应力场的耦合[144~149]。

关于土体渗流中的流固耦合问题的研究，最早来源于土体的固结理论。1925 年太沙基建立了饱和土体的一维固结方程，并提出了有效应力作用原理，Biot 提出了土体的三维固结理论及求解方程，对土体渗流过程中流固耦合问题的求解做出了重要的贡献。太沙基的有效应力作用原理如下：

$$\sigma_{ij} = \sigma'_{ij} + \mu \tag{4-62}$$

式中：σ_{ij}为总应力；σ'_{ij}为有效应力；μ 为孔隙水压力。

当土体的渗流场产生的渗流体积力作用于土体结构时，会使其应力场和位移场发生变化，同时土体的应力状态的变化将反过来改变其渗流特性。应力场变化造成的位移场改变在很大程度上是通过土体结构的孔隙性的变化来实现的，而土体渗透特性的物质基础就是土体的孔隙性，自然界中富含地下水的土体所发生的渗流场与应力场的耦合作用正是如此不停不息地进行着。土体应力场对渗流场影响的实质，就是通过应力场改变土体结构的孔隙分布，从而改变其渗透性。

土体的骨架是固体颗粒，它是由不同的矿物组成，当矿物中的Na^+，Ca^{2+}，Mg^{2+}等复杂阳离子成分在地下水中浸泡，必将与水中的Cl^-，SO_4^{2-}，HCO_3^-，NO_3^-等阴离子发生一系列的化学反应，如水解、溶解和碳酸化等化学反应，从而导致土体的结构破坏，以致改变土体结构的孔隙分布，同时水化学作用产生的次生矿物，大都在水中易溶，这样土体更容易随水流失，结果导致土体中的孔隙增大，含水量增加，有效应力降低和强度减弱。由于土颗粒的阳离子交换作用，配位数目增多，由此产生开放式结构和单元间成键强度降低，经水化学作用生成高岭石、伊利石和胶体，可塑性高、压缩性高和强度低[150~153]。相应的化学反应方程式为：

$$4NaAlSi_3O_8(\text{钠长石})+6H_2O \longrightarrow$$
$$Al_4(Si_4O_{10})(OH)_8(\text{高岭石})+8SiO_2(\text{胶体})+4NaOH$$
$$4KAlSi_3O_8(\text{钾长石})+6H_2O \longrightarrow$$
$$Al_4(Si_4O_{10})(OH)_8(\text{高岭石})+8SiO_2(\text{胶体})+4KOH$$

由于土水化学作用能引起土体结构的改变，土体结构的改变主要呈现在土体的孔隙性改变，其变化必然引起土体渗透性和应力场的改变，即应力场－渗流场－化学场的耦合效应。因化学场的研究比较复杂，本文只对应力场－渗流场的耦合进行分析。

4.5.1 连续介质耦合状态下的渗透系数

根据地下水动力学的原理，影响连续均质土体渗透性的因素主要有两个方面：一方面来自水的性质，包括水的密度和黏度等；另一方面是土体颗粒骨架和孔隙性的性质，影响土体骨架性能的指标主要包括渗透系数、孔隙率（孔隙比）、颗粒的大小和形状、比表面、平均传导率、含水量、密度等，其中孔隙率的影响最为显著。一般来讲，土体中孔隙率越大，土体的渗透系数也越大，水在土体中的渗流力也大，渗流量也大。因此对渗透系数的研究很关键。根据实验和文献资料，多孔连续土体的渗透系数可以表示为：

（1）对于砂性土体，在其他条件相同的情况下，渗透系数k和孔隙比e存在如下关系

$$k = k_0 \frac{e^3}{1+e} \tag{4-63}$$

式中：k_0 为初始状态下的渗透系数。

(2)对于黏性土体，渗透系数 k 和孔隙比 e 存在如下关系

$$\begin{cases} e = \alpha + \beta \lg k \\ \alpha = 10\beta \\ \beta = 0.01 I_P + \delta \end{cases} \tag{4-64}$$

式中：α，β 为常数；I_P 为土体的塑性指数；δ 为与土体类型有关的常数，其平均值一般可取0.05。

(3)A. Rivera等(1990年)提出了渗透系数随孔隙率变化的经验公式：

$$k = k_0 \left\{ \frac{n(1-n_0)}{n_0(1-n)} \right\}^3 \tag{4-65}$$

式中：n_0，n 分别为初始孔隙率和变化后的孔隙率；k_0，k 分别为与孔隙率 n_0，n 相对应的渗透系数。

(4)Garman(1938，1956年)根据渗流模型研究得到的渗透系数与孔隙率的如下关系：

$$k_2 = k_1 \frac{[n_2/n_1]^3 [1-n_1]^2}{(1-n_2)^2} \tag{4-66}$$

式中：k_1，k_2 分别对应于 n_1，n_2 状态下的渗透系数。

在渗流计算过程中一般不考虑土颗粒的压缩和水体密度的变化，认为土体的体积应变完全由土体孔隙体积改变引起的(土体中的渗透流量的改变)发生体积应变后单元的孔隙率为：

$$n = 1 - \frac{1-n_0}{1+\varepsilon_V} \tag{4-67}$$

当体积变化比较小时，式(4-67)可简化为

$$n = n_0 + \varepsilon_V \tag{4-68}$$

式中：ε_V 为体积应变。

在应力场-渗流场的耦合分析中，根据土体结构的应力和位移计算结果，可按式(4-68)计算出新的孔隙率(孔隙比)，对渗透系数再进行调整，重新计算渗流场和应力场。

根据弹塑性力学可知，土体的体积应变是由应力场决定的，因此土体的渗

透系数可以直接表示为土体应力状态的函数，查阅有关文献，连续均质土体的渗透系数与应力关系可用如下经验公式表示[143]：

$$k_f = k_f^0 e^{-\alpha(\sigma - \sigma_0)} \tag{4-69}$$

式中：k_f 为在正应力 σ 作用下的渗透系数；k_f^0 为在正应力 σ_0 作用下的渗透系数；α 为试验系数；σ，σ_0 分别表示有效应力。

4.5.2 连续、均质、各向同性非饱和土的平衡方程

土体单元的平衡微分方程通常是以线性动量守恒原理为基础，在不考虑阻尼效应时，其力学平衡方程为[143]

$$\begin{aligned}
&\frac{\partial \sigma_x}{\partial x} + \frac{\partial \tau_{yx}}{\partial y} + \frac{\partial \tau_{zx}}{\partial z} + \gamma_w \frac{\partial H}{\partial x} = 0 \\
&\frac{\partial \tau_{xy}}{\partial x} + \frac{\partial \sigma_y}{\partial y} + \frac{\partial \tau_{zy}}{\partial z} + \gamma_w \frac{\partial H}{\partial y} = 0 \\
&\frac{\partial \tau_{xz}}{\partial x} + \frac{\partial \tau_{yz}}{\partial y} + \frac{\partial \sigma_z}{\partial z} + \gamma_w \frac{\partial H}{\partial z} = 0
\end{aligned} \tag{4-70}$$

如果不考虑空气的质量，流体质量守恒方程为：

$$\begin{aligned}
&\frac{\partial(\rho_w n S_r)}{\partial t} + \frac{\partial(\rho_w v_{wx})}{\partial x} = 0 \\
&\frac{\partial(\rho_w n S_r)}{\partial t} + \frac{\partial(\rho_w v_{wy})}{\partial y} = 0 \\
&\frac{\partial(\rho_w n S_r)}{\partial t} + \frac{\partial(\rho_w v_{wz})}{\partial z} = 0
\end{aligned} \tag{4-71}$$

式中：v_{wi} 为水流速度；S_r 为饱和度。

如果不考虑空气的密度，那么土体密度

$$\rho = (1-n)\rho_s + nS_r\rho_w \tag{4-72}$$

式中：ρ_s 为土体颗粒密度。

(1)土体骨架的状态方程

根据上述，可以看到在渗流过程中，土体的孔隙性对渗流产生很大的影响，地层中的土体主要承受着有效应力和孔隙水压力的作用。这时土体的压缩系数主要有两大类：在有效应力保持恒定，而改变孔隙水压力所引起的体积相对变化；在孔隙水压力恒定，而改变有效应力所引起的体积相对变化两大

类[154]。根据土的三相组成原理，其中上面的相对变化关系包括土体总体体积 V 的相对变化，即 dV/V、土体骨架体积为 V_s 的相对变化，即 dV_s/V_s、以及孔隙体积 V_n 的相对变化，即 dV_n/V_n。

对于土体颗粒骨架压缩系数，在等温条件下，其为

$$\alpha_s = -\frac{1}{V_s}\frac{dV_s}{dp} \tag{4-73}$$

式中：α_s 为土体颗粒骨架的压缩系数；V_s 为土体颗粒的体积；p 为土体中的负孔隙水压力，在数值上等于基质吸力，即 $p=\varphi$。

(2)土体孔隙的状态方程

在恒温条件下，土体孔隙度随孔隙压力的变化可用孔隙弹性压缩系数 α_n 表示：

$$\alpha_n = \frac{1}{n}\frac{dn}{dp} \tag{4-74}$$

由积分式(4-74)得

$$n = n_0 e^{\alpha_n(p-p_0)} \tag{4-75}$$

式中：n_0 是参考压力 p_0 条件下土体的孔隙度。

4.5.3　连续、均质、各向同性非饱和土的弹塑性本构模型

根据第2章窑洞土体弹塑性理论可以得到土体的弹塑性本构关系曲线主要为应变硬化和应变软化两种本构关系曲线。土体材料在工程结构中的主要破坏形式是剪切破坏和拉伸破坏[136]。

(1)剪切屈服函数为

$$f_s = \sigma_3 + \sigma_1 N_\varphi + 2c\sqrt{N_\varphi} \tag{4-76}$$

(2)拉伸屈服函数为

$$f_t = \sigma_3 - \sigma_t \tag{4-77}$$

其中，

$$N_\varphi = \frac{1+\sin\varphi}{1-\sin\varphi}$$

式中：c 为土体材料的黏聚力；φ 为土体的内摩擦角；σ_t 为土体的抗拉强度；σ_3，σ_1 分别为土体结构中受到的最大主应力和最小主应力，这里以压应力为

正，拉应力为负。

根据非饱和土 *VG* 渗流模型可以得到负孔隙水压力为：

$$P=\frac{S_e^{\frac{n}{1-n}}-1}{\alpha} \tag{4-78}$$

根据太沙基有效应力，将式(4-69)进行变换

$$\sigma'=\sigma+\frac{S_e^{\frac{n}{1-n}}-1}{\alpha} \tag{4-79}$$

结合非饱和渗流平衡方程，得到

$$\sigma_{i,j}+\frac{S_e^{\frac{n}{1-n}}-1}{\alpha}+\gamma_w H_{,i}=0 \tag{4-80}$$

式中：S_e 为有效饱和度；n 为孔隙度。

考虑到黄土的特点，在这里土体的残余体积含水量 $\theta_r=0$，有效饱和度等于非饱和土的体积含水量与饱和土体积含水量的比值，见下式

$$S_e=\frac{\theta_w}{\theta_s} \tag{4-81}$$

在渗流过程中如果忽略土颗粒骨架的压缩变形和水体压缩性对渗流的影响，假设非饱和区土体中的气相与大气相通，即孔隙气压力 $\mu_a=0$，并且在非饱和区内土体的净法向应力作用下的压缩系数与基质吸力作用下的压缩系数相等，这时的求解可以很方便地采用有限差分法求解渗流场和应力场。在有限差分求解过程中，根据上述渗流基本控制方程可以得到给定边界条件下和初始条件下的非饱和区的渗流场和应力场的分布以及非饱和土体基质吸力变化的分布，再然后将渗透力作为体积力附加到有限差分单元节点作为计算渗透力荷载，将基质吸力转化成对非饱和抗剪强度的影响力，再采用弹塑性有限差分法求解各状态方程，当迭代过程中不平衡力达到求解精度时，就结束有限差分的计算[67]。

运用有限差分法求解渗流场和应力场的有效性和合理性，根据渗流连续方程中含有对时间的导数项，可以通过时间步长，即 t_n 到 t_{n+1} 时刻，得到单元节点的位移、水压力如下式所示：

$$\{\delta\}_{n+1}=\{\delta\}_n+\{\Delta\delta\} \tag{4-82}$$

$$\{p\}_{n+1}=\{p\}_n+\{\Delta p\} \tag{4-83}$$

采用时间积分的一般格式：

$$\int_{t_n}^{t_{n+1}} p\mathrm{d}t = \Delta t_n[\theta_{\mathrm{w}} p_{n+1} + (1-\theta_{\mathrm{w}})p_n] = \Delta t_n(p_n + \theta_{\mathrm{w}}\Delta p_n) \qquad (4-84)$$

这样通过有限差分程序可以很容易求出各差分方程的解。

4.6　窑室土体优势裂隙的压剪断裂分析

靠崖窑土体结构具有竖向节理裂隙发育的土体结构性特点，其主要分布的是垂直均匀的节理裂隙(见图4-4)。当降雨渗入到裂隙土体渗流过程中，对裂隙的起裂、扩展、成核、贯通和相互作用具有重要的影响，形成复杂的应力场和渗流场，并且在裂纹尖端附近形成应变应力集中区，导致土体强度的弱化，产生塑性变形[136]。考虑到裂隙位移变化的特点，在这里假定裂隙面初始时部分闭合，引入裂隙顶端张开位移相比系数ξ来表征降雨渗流时对土体位移的影响，裂隙顶端张开位移相比系数ξ为裂隙顶端的张开位移与裂隙面的最大位移之比。

根据Irwin塑性区裂隙顶端的张开位移公式得到($r_{\mathrm{p}} << a$)：

$$\delta = \frac{4\sigma'}{E}\sqrt{(a+r_{\mathrm{p}})^2 - x^2} = \frac{4\sigma'}{E}\sqrt{2ar_{\mathrm{p}}} \qquad (4-85)$$

式中：δ为裂隙顶端的张开位移；r_{p}为塑性区长度范围；a为垂直节理裂隙的半长；E为土体的变形模量；x为位置。

由于裂隙面之间在初始状态是部分闭合，在力的作用下压剪应力能够传递发生变化，为便于分析，在这里引入裂隙面的压剪应力传递系数分别为F_{p}，F_{s}，根据渗流力学可以得到裂隙面上实际受到的法向应力和剪切应力为(取压应力为正，拉应力为负)：

$$\sigma_n' = (1-F_{\mathrm{p}})(\sigma_1 \sin^2\psi + \sigma_3 \cos^2\psi) - u \qquad (4-86)$$

$$\tau_n = (1-F_{\mathrm{s}})\frac{\sigma_1 - \sigma_3}{2}\sin 2\psi - \gamma_{\mathrm{w}} i \qquad (4-87)$$

压剪应力传递系数F_{p}，F_{s}分别为

$$\left.\begin{aligned} F_{\mathrm{p}} &= \frac{\pi a K_n(1-v^2)}{\pi a K_n(1-v^2)+E_0} \\ F_{\mathrm{s}} &= \frac{\pi a K_{\mathrm{s}}(1-v^2)}{\pi a K_{\mathrm{s}}(1-v^2)+E_0} \end{aligned}\right\} \qquad (4-88)$$

根据断裂力学理论，其裂隙尖端的应力强度因子为

$$K_{\mathrm{I}} = -\sigma_n' \sqrt{\pi a} \tag{4-89}$$

$$K_{\mathrm{II}} = \tau_n \sqrt{\pi a} \tag{4-90}$$

在降雨渗流作用下受压剪土体裂隙尖端的应力强度因子为：

$$K_{\mathrm{I}} = -[(1-F_{\mathrm{p}})(\sigma_1 \sin^2\psi + \sigma_3 \cos^2\psi) - u]\sqrt{\pi a} \tag{4-91}$$

$$K_{\mathrm{II}} = [(1-F_{\mathrm{s}})\frac{\sigma_1 - \sigma_3}{2}\sin 2\psi - \gamma_{\mathrm{w}} i]\sqrt{\pi a} \tag{4-92}$$

以上各式中的参数：σ_1、σ_3 分别为第一、三主应力；ψ 为裂隙面与最大主应力夹角；p 为裂隙面水压力；a 为裂隙半长，K_n，K_{S} 分别为裂隙面的法向刚度和切向刚度，υ 为土体的泊松比，i 为水力坡度。

对于Ⅰ型裂隙，当 $K_{\mathrm{I}} = K_{\mathrm{IC}}$（断裂韧度）时，裂隙产生扩展破坏，此时裂隙内的临界渗透压 $p_{\max 1}$ 满足下列关系式：

$$p_{\max 1} = \frac{K_{\mathrm{IC}}/\sqrt{\pi a} + (1-F_n)(\sigma_1 \sin^2\psi + \sigma_3 \cos^2\psi)}{\xi} \tag{4-93}$$

对于Ⅲ型裂隙，当 $K_{\mathrm{II}} = K_{\mathrm{IIIC}}$（断裂韧度）时，裂隙产生剪切断裂破坏，此时裂隙内的临界渗透压 $p_{\max 2}$ 满足下列关系式：

$$p_{\max 2} = \frac{2K_{\mathrm{II}C}/\sqrt{\pi a} - (1-F_{\mathrm{v}})(\sigma_1 - \sigma_3)\sin 2\psi + \mu(1-F_n)[(\sigma_1+\sigma_3) - (\sigma_1-\sigma_3)\cos 2\psi]}{\mu\xi} \tag{4-94}$$

式中：μ 为裂隙面的摩擦系数。

针对靠崖窑黄土体竖向优势节理裂隙的特点，取 $\psi = 0$，在降雨渗流作用下受压剪土体裂隙尖端的应力强度因子为：

$$K_{\mathrm{I}} = -[\sigma_3(1-F_{\mathrm{p}}) - u]\sqrt{\pi a} \tag{4-95}$$

$$K_{\mathrm{II}} = -\gamma_{\mathrm{w}} i \sqrt{\pi a} \tag{4-96}$$

在降雨渗流作用下，裂隙内的临界渗透压分别为：

$$p_{\max 1} = \frac{K_{\mathrm{IC}}/\sqrt{\pi a} + (1-F_n)\sigma_3}{\xi} \tag{4-97}$$

$$p_{\max 2} = \frac{2[K_{\mathrm{IIC}}/\sqrt{\pi a} + \mu\sigma_3(1-F_n)]}{\mu\xi} \tag{4-98}$$

4.7　窑室土体降雨渗流作用的稳定性分析

4.7.1　降雨渗流作用对窑洞土体结构的破坏分析

靠崖窑是在土崖上通过水平开挖，靠土拱自撑作用而能自稳的一种生土构筑物，其受外界环境变化的影响非常大，其中降雨是一个很活跃的影响因素。在降雨渗流过程中，窑洞土体的自重应力会增加，渗透作用还会使土体的有效应力减小，孔隙水压力增大，而土体的抗压、抗剪强度都会降低，同时竖向节理裂隙中的水体渗透力也会给窑洞土体结构提供外在荷载加快窑洞的破坏。又由于黄土体湿陷性和欠固结特点，在降雨初期，雨水沿节理裂隙渗透很快，窑洞的上覆土层的土体和临空面窑脸土坡浅层的干燥土体首先受到雨水浸润，由干燥变成非饱和状态，随后该范围的非饱和土体很快达到饱和，随着渗流进一步渗透，窑体的深层土体也逐渐浸润至饱和，浅层土体又呈现出非饱和状态[135]。这就决定了降雨初期靠崖窑土体结构的位移、应力变化较大，随着降雨持时和降雨量，土体结构的位移和应力变化率减缓，然而在雨水蒸发初始时刻，由于黄土湿陷性的特点，基质吸力的存在使得土体强度得到增强，但在蒸发过程中，湿陷性的土体结构又开始产生回弹，使得土体强度又降低，这样循环反复，靠崖窑土体结构的累积变形也逐渐增大，致使靠崖窑土体结构的稳定性受到严重的影响，出现窑脸剥落和碎落、窑顶局部滑塌、窑洞整体滑塌、窑洞裂缝、洞内土层剥落、窑内渗水和窑洞冒顶等破坏形式。

雨水渗透同样会使土体竖向节理裂隙尖端的应力强度因子增加，Ⅰ，Ⅱ型断裂韧度降低，并加速了裂隙的起裂、扩展、成核、贯通和加强与周围土体的相互作用，直至土体结构的破坏。

总之，降雨渗流无论是从弹塑性力学理论、渗流理论还是从断裂力学理论去研究靠崖窑的渗流方程，都一致认可降雨渗流对靠崖窑土体结构的影响是不利的，加上窑洞土体结构的物理性质、化学性质和力学等特性，决定了不管是理论推导还是实验分析研究其过程都是非常复杂的。

4.7.2 算例分析

为了研究降雨渗流对靠崖窑土体结构的影响，笔者运用功能强大的有限差分数值软件 FLAC3D 和内嵌的 FISH 语言及计算机高级语言 VC + +，并对台梯型五孔半圆拱靠崖窑的算例进行分析计算，具体实施过程如下。

4.7.2.1 计算模型

数值模拟处理问题通常是在有限的研究区域内进行离散化，为了这种离散化不产生较大的误差和满足数值模拟精度要求，必须取得足够大的研究范围。根据台梯型五孔半圆拱靠崖窑的分布情况，计算区域总高度 $H = 30$ m，窑门前缘平台宽 $l = 6$ m，计算区域总宽度 $L = 50$ m，靠崖窑土体的结构尺寸见图 4 – 6 示。计算模型采用四面体有限差分单元，共划分 20052 个节点，92014 个单元，应力边界条件为下部固定，左右两侧水平约束，上部为自由边界；渗流边界条件为计算区域的边壁都为透水边界。其中不考虑坡顶荷载、施工和地震等影响，该计算区域、网格划分和降雨强度持时曲线分别见图 4 – 5 ~ 图 4 – 7。

FLAC3D 有限差分计算软件在解决土体工程的问题上具有许多优越性，如能处理材料的大变形问题、求解过程中不需形成刚度矩阵、还有内嵌的开发语言和各种分析模块，只要进行改变就能满足实际工程的需要，因此已逐渐被工程技术人员所掌握。但是在建模上，FLAC3D 软件在单元网格划分等前处理问题上却存在以下不足，造成其建模的复杂性[155 ~ 161]：

(1) 差分模型的建立只能靠文件和内部仅有的部分模型来实现，网格划分不理想，尤其是对复杂边界；

(2) 对于复杂的工程计算模型，在建模时需要各节点的详细数据，由于数据大，极易出错，并且检查起来也不容易；

(3) 复杂的计算模型，需花费大量的时间，直接造成了三维模拟计算的周期长、难度大。

为解决有限差分软件 FLAC3D 在建模方面的不足，靠崖窑土体结构数值模型在离散过程中，首先利用平面软件绘图技术，形成 SAT 文件，再导入到 ANASYS 软件，通过 ANASYSAXESTOFLAC3D 接口程序，改变坐标格式，然后经过 ANASYSTOFLAC3D 前处理接口程序，生成 FLAC3D 网格文件，再导入

FLAC3D 最终形成有限差分网格单元。在生成的离散网格基础上，通过物理力学参数对材料常数进行赋值，加上边界条件就构成了完整的有限差分模型(见图4－7)。

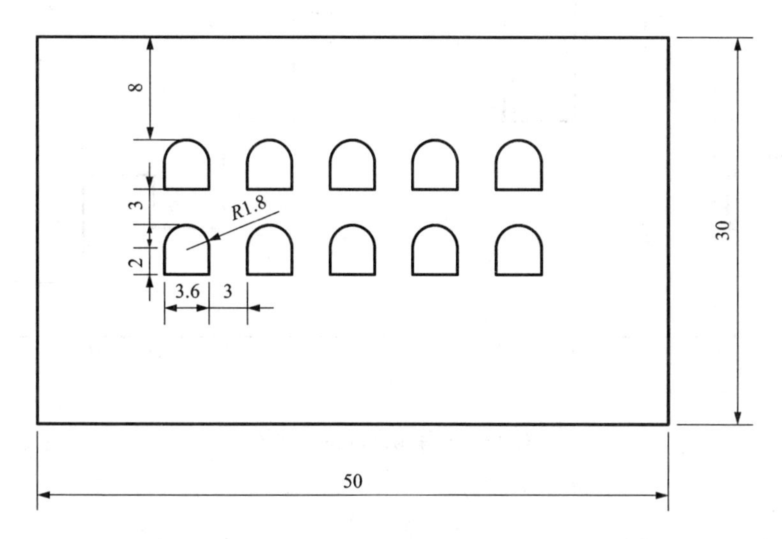

图4－5　计算范围(单位：m)

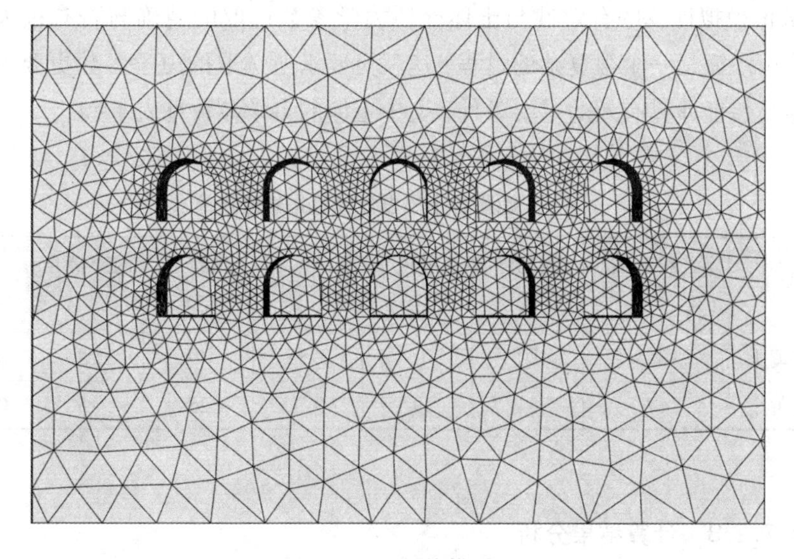

图4－6　网格模型

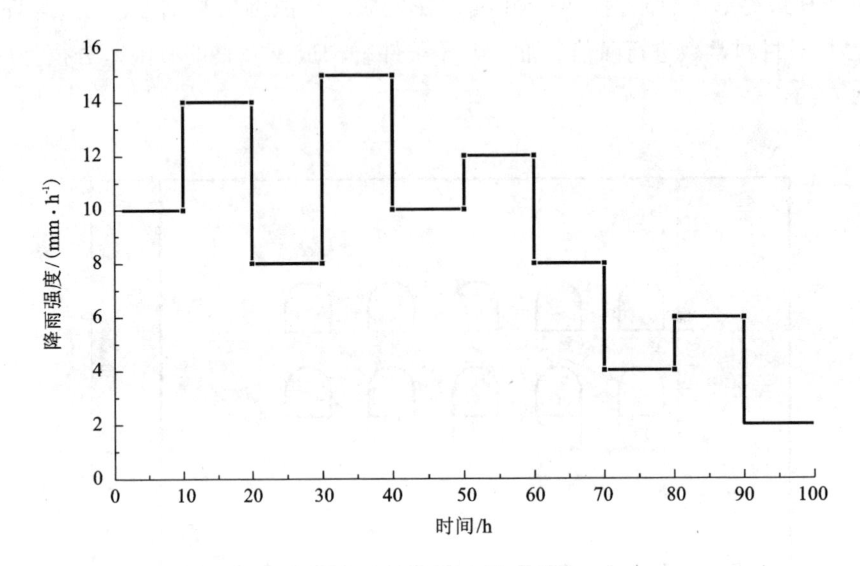

图4-7 降雨强度持时曲线

4.7.2.2 计算参数

数值模拟计算的有效性与土体介质力学参数选取的精确与否有很大的关系，降雨渗流是一个很复杂的过程，这就更要求所选取的力学参数更要有代表性，这是保证计算有效的重要条件，文中土体的力学参数见表4-1。

表4-1 地基各土层设计计算指标建议值

	天然容重/(kN·m^{-3})	饱和度/%	变形模量/MPa	泊松比	黏聚力/kPa	内摩擦角/(°)	摩擦系数
稳定黄土	18.5	20	16	0.35	40	22	0.36
滑动黄土	17	54	9	0.4	25	15	0.18

4.7.2.3 计算结果分析

本节基于FLAC3D软件的渗流计算模块和常用的弹塑性计算的常用模块，结合内嵌的FISH开发语言和计算机高级语言VC++，进行了降雨渗流条件下的程序开发(主要是针对降雨1小时、2小时、3小时、4小时和5小时，各计算参数的变化情况)，对渗流条件下靠崖窑土体结构的孔隙水压力、竖向位移和塑性区的分布进行了计算，计算结果见图4-8~图4-10。

(1)孔隙水压力的分布。

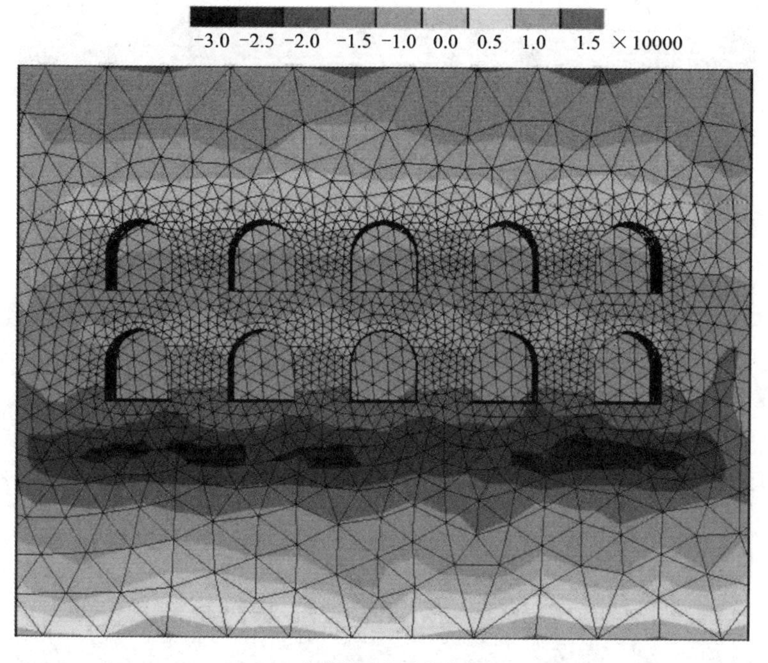

1小时孔隙水压力分布

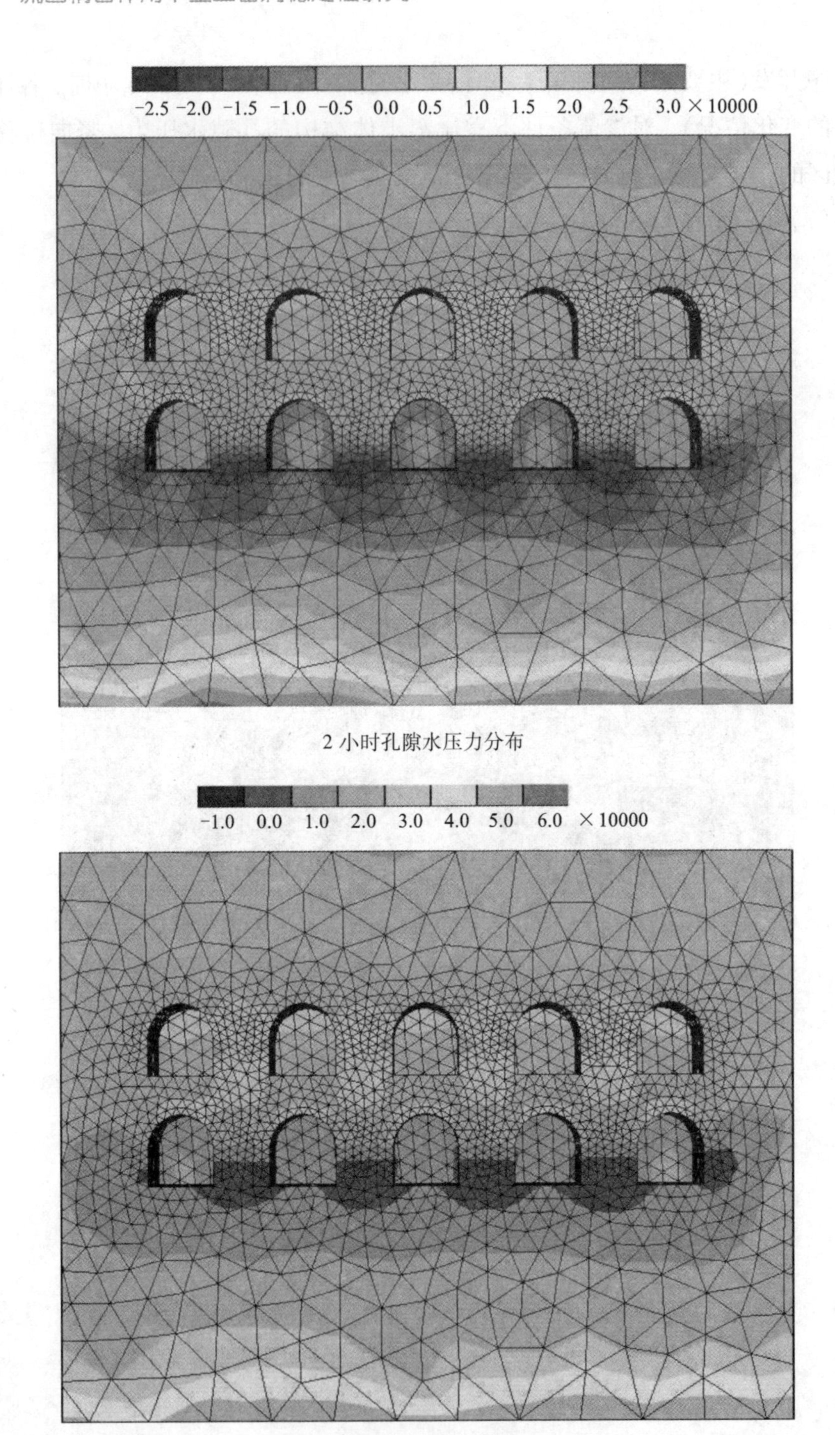

2 小时孔隙水压力分布

3 小时孔隙水压力分布

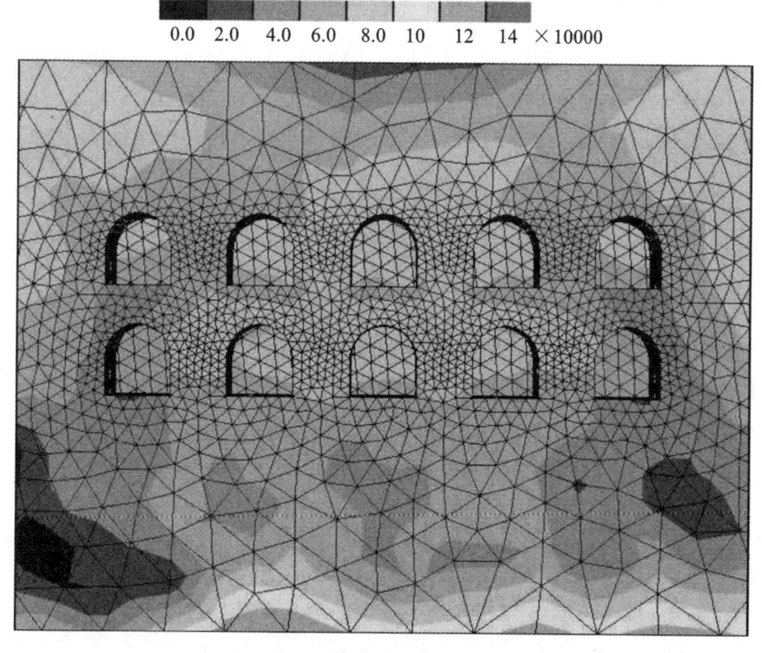

4 小时孔隙水压力分布

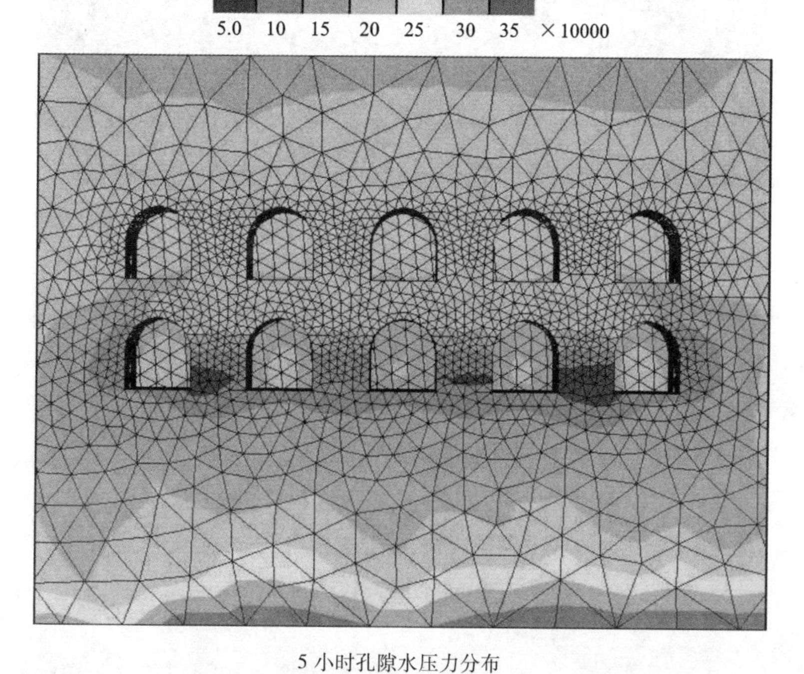

5 小时孔隙水压力分布

图 4－8　孔隙水压力的分布情况(单位: Pa)

从图4－8孔隙水压力的计算结果可以看出，在降雨初期主要表现为负的孔隙水水压力，范围在－10～－30 kPa，该负孔隙水压力主要分布在下台梯窑洞底部土体中，而上台梯的孔隙水压力变化不大，只有－10 kPa左右，根据负孔隙水压力有效应力变大的特点，这对土体强度是有利的，能暂时增加土体结构的稳定性，但是随着降雨持时和降雨量的影响，在降雨4个小时以后，孔隙水压力表现为正的孔隙水压力，范围在40～350 kPa，并且在下台梯窑顶底部，孔隙水压力达到200 kPa，在窑洞最底部的局部区域其最大孔隙水压力达到350 kPa，出现了超孔隙水压力，土体强度被减弱，稳定性降低。下台梯窑洞底部浅层负的孔隙水压力很快消散，可以说明窑洞土体逐渐达到饱和，土体强度降低，自重增加，渗透力增加，计算显示这部分土体是很不稳定的，而在上台梯和上覆土层中的负孔隙水压力变化仍然不太大，其稳定性比窑洞底部土体稍好，这说明了在台梯成列靠崖窑中，下台梯窑洞底部浅层范围是孔隙水压力的主要变化区，在该范围加强排水工作很关键。

（2）垂直位移的结果

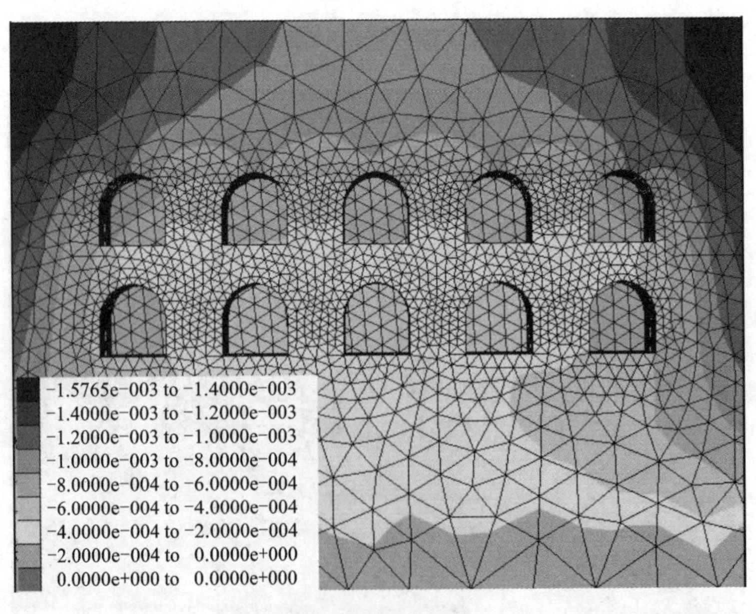

1小时竖向位移分布

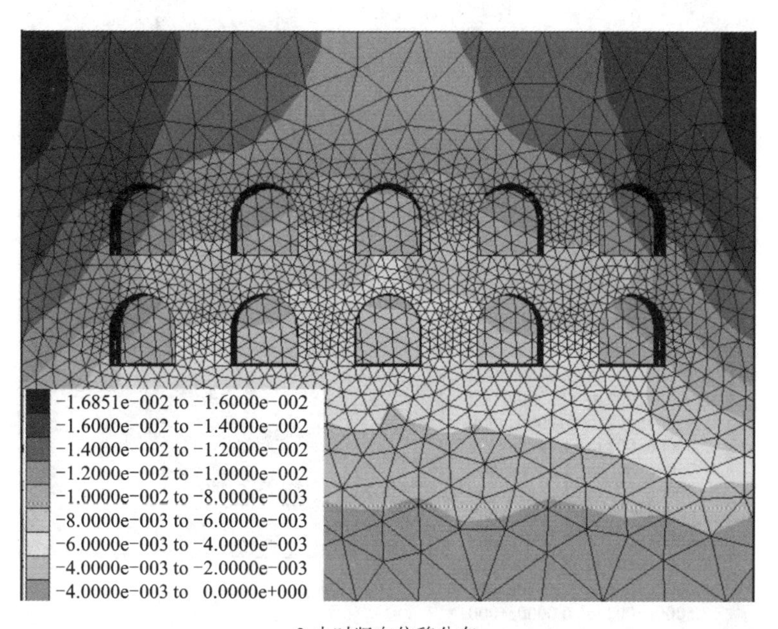

2 小时竖向位移分布

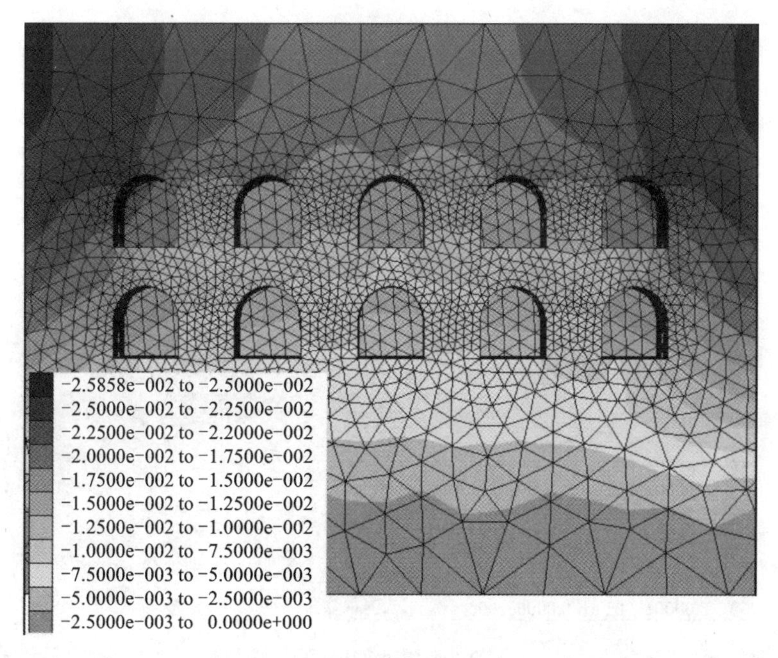

3 小时竖向位移分布

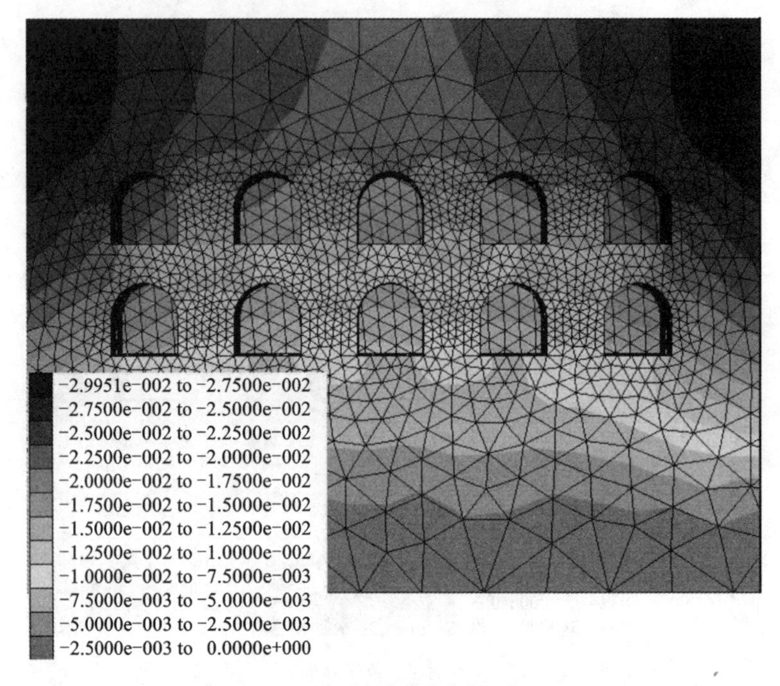

4 小时竖向位移分布

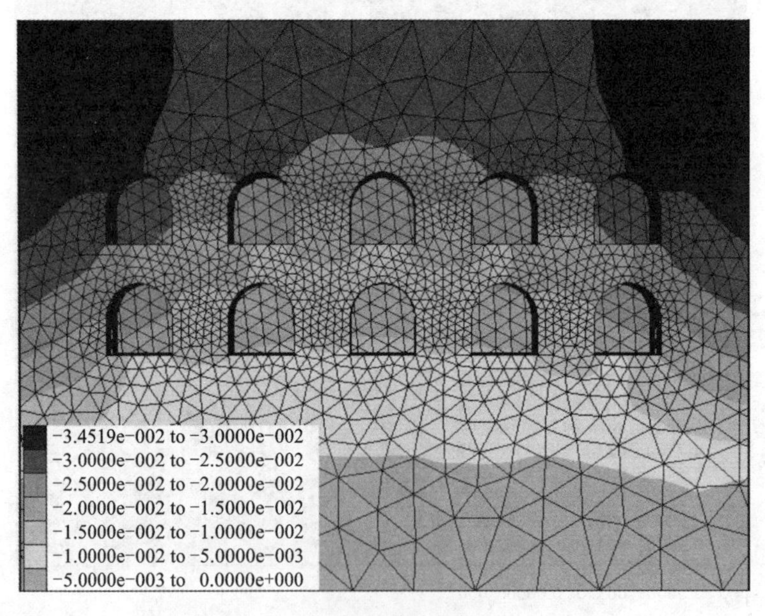

5 小时竖向位移分布

图 4－9　竖向位移的分布情况(单位：m)

从图4－9垂直位移的计算结果可以看出，在整个降雨过程中垂直位移主要表现为向下的负位移，范围在1.5 mm～3.5 cm，在靠崖窑窑洞顶部和上覆土层范围内的土体位移最大，而在靠崖窑最底部的位移最小，这主要是由于窑洞浅层土体受到降雨的影响比较大，因此垂直变形比其他部位要偏大，而在深部垂直位移较小，该深部范围最大垂直位移还不到1 cm。在降雨初期，窑洞最底部的土体根本不会受到降雨的影响，几乎没有垂直位移，随着降雨持时和降雨量的增加，该范围的垂直位移变化也不是太大。而在下台梯窑洞底部浅层范围，在降雨初期垂直位移的变化很大，随着降雨持时和降雨量的增加，该位移又逐渐减少，但是处于增加的趋势，尤其是在边跨窑洞的垂直位移变化很大，而在中间跨的窑洞较小，因此对下台梯边跨窑洞进行加固以满足其窑洞的稳定性很关键。同时在上台梯窑洞顶部至洞顶范围，该范围受降雨的影响也很大，垂直位移始终处于迅速增加的趋势，尤其是在边跨窑洞，其位移变化也是最大的，中间跨的窑洞要较小，这可能是数值计算时与边界条件的设置有关。

(3)塑性区的分布情况

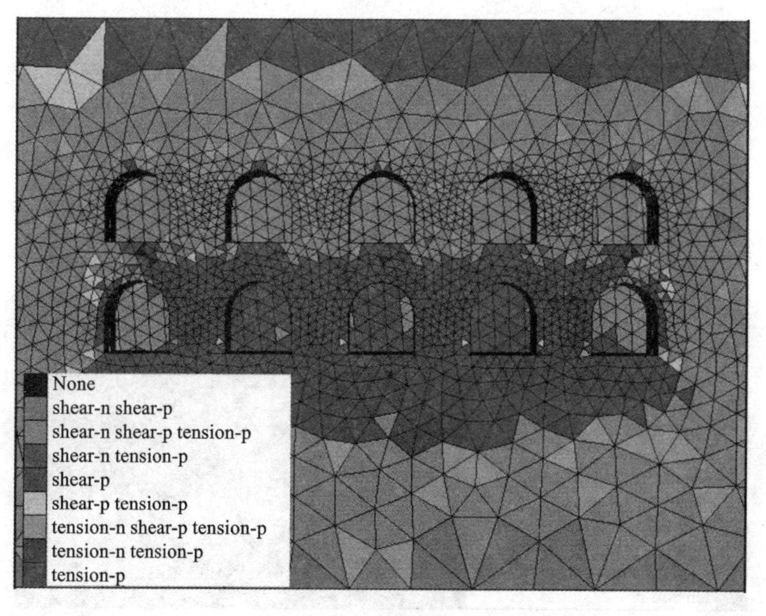

1个小时塑性区

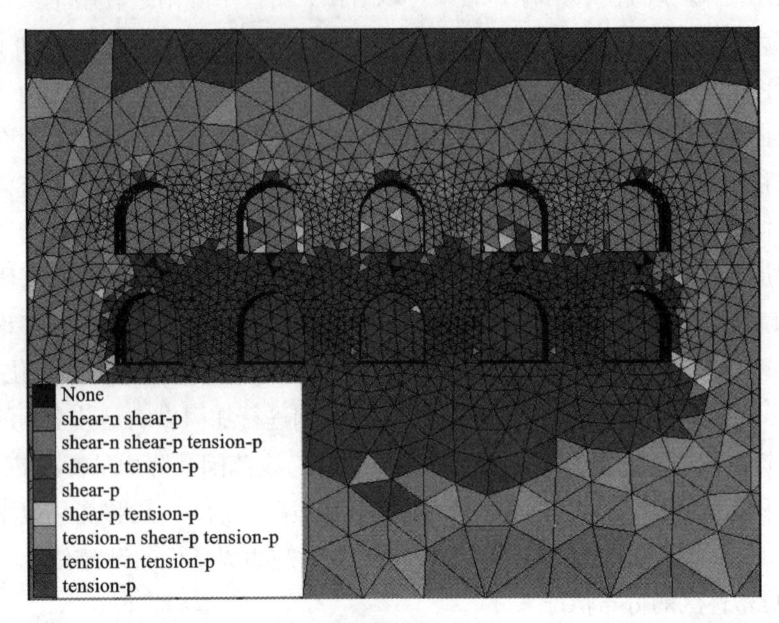

2 个小时塑性区

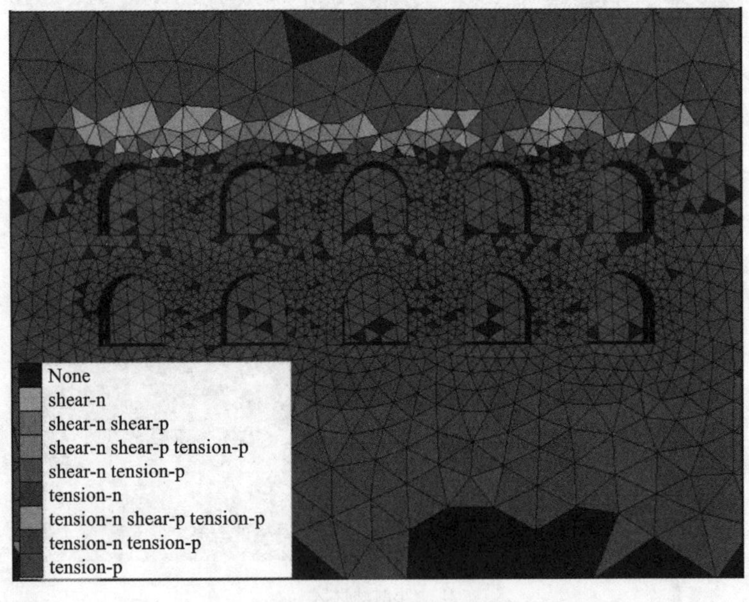

3 个小时塑性区

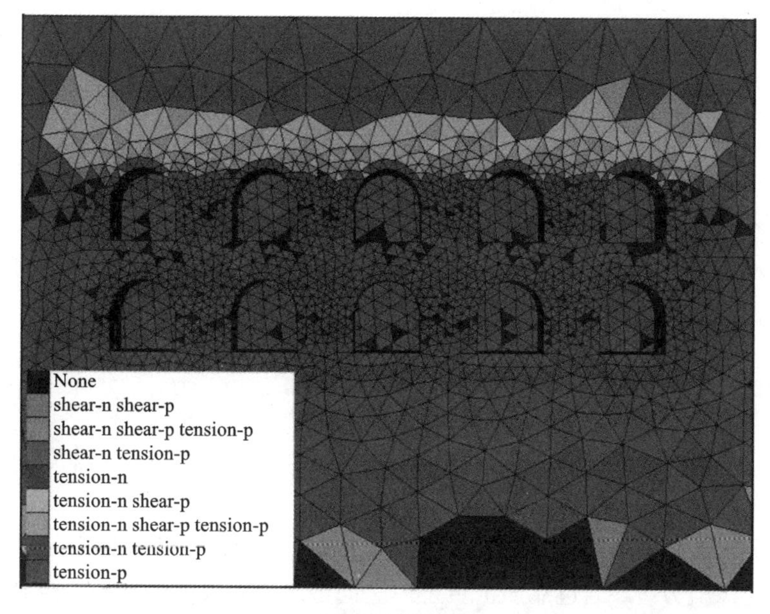

4 个小时塑性区

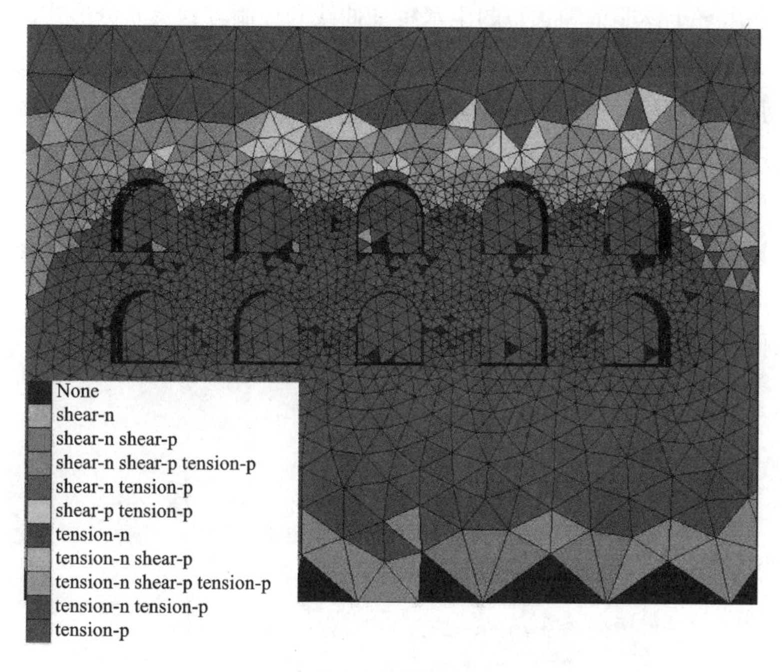

5 个小时塑性区

图 4－10　塑性区的分布情况

从图4－10塑性区分布的计算结果可以看出，靠崖窑的破坏主要表现为拉伸破坏和剪切破坏，降雨初期在各窑洞的局部范围，尤其是在拱曲线附近都出现了不同程度的塑性区，但没有贯通，随着降雨持时和降雨量的增加，该范围的塑性区逐渐扩展，直至出现贯通破坏，尤其是下台梯窑洞剪切塑性区贯通的范围较大。这说明了降雨渗流情况下，台梯多孔成列靠崖窑的下台梯窑洞受到的影响最大，容易造成剪切破坏，随后会引起上台梯窑洞的牵引破坏，因此加强下台梯窑洞的稳定性是最关键的。

4.8 小结

(1)根据太沙基有效应力原理描述了均质、连续、多孔土体的饱和与非饱和非稳定渗流方程，通过靠崖窑黄土体竖向节理裂隙发育的特点，得到了非饱和土的渗流方程。同时还基于VG渗流模型和靠崖窑土体裂隙的结构性提出了适用于靠崖窑土体非饱和状态的土水特征曲线和控制方程及差分形式。

(2)根据靠崖窑土体竖向优势节理裂隙的分布特点，结合Irwin塑性区裂隙顶端的张开位移公式，引入裂隙顶端张开位移相比系数ξ，得出了降雨渗流作用下受压剪土体裂隙尖端的应力强度因子计算式，还得到了降雨渗流作用下裂隙产生扩展破坏和剪切断裂破坏时，裂隙内的临界渗透压值的计算式。

(3)结合台梯五孔一列靠崖窑的算例，进行了应力场－渗流场耦合的有限差分数值模拟计算，通过孔隙水压力、垂直位移和塑性区的结果表明，在降雨渗流条件下，加强下台梯窑洞的稳定性是最关键的结论。

第 5 章 窑室土体结构蠕变固结效应的稳定性研究

5.1 引言

土体材料是建筑基坑、交通路基、隧道、城市地下、水利水电等工程建设中存在和应用最为广泛的材料，其强度和稳定性受本身力学特性的效应较大，作为该类材料固有力学属性的蠕变、固结特性对土体结构长期强度和稳定性有显著的影响，其结构变形表现出既非弹性，亦非塑性，而是黏弹塑性共存，这已得到大量工程实例证明[162, 163]。窑洞结构是典型的土体构筑物，土体的固有力学特性对其结构也会产生重要的影响。

窑洞土体工程的稳定性是一个比较复杂的问题，主要是由于土体材料的各向异性、不连续性、蠕变性、损伤等特性，可以认为窑洞土体材料是一种复杂的介质，同时在窑洞建造和使用过程中，又受多种内外因素的影响，窑洞土体结构的变形并不是在瞬时完成，而是随着时间的延续其变形也在不断地发展，因此在土体介质强度逐渐发挥的同时，窑洞土体强度和稳定性的研究应该要考虑土体蠕变特性的影响。在工程实践中，虽然现有的窑洞结构比较稳定或者在工程设计、施工过程中窑洞结构也表现出稳定，目前常用的设计计算方法可以对窑洞的稳定性做出定量的评价，但是对于土体强度随时间的弱化事实，及强度和稳定性的演化规律，常规设计方法是很难做出预测的，甚至对窑洞土体结构的稳定性要从定量上做出评价那是更难。

众所周知，土体材料固有的力学指标取值和力学属性都具有明显的时空差异性，很难用统一的力学模型一概而全，因此要寻找普遍适用土体的本构模型还相当困难，其中蠕变本构模型的理论分析和蠕变破坏准则的运用那也都是相当困难和复杂的[164]。为此，笔者从窑洞土体的位移变形出发，利用土体的蠕变力学理论，根据蠕变模型理论的适用性和有效性的特点，建立适用于窑洞土体长期强度和稳定性的非线性蠕变模型，并进行计算参数的辨识，给出蠕变固结作用下靠崖窑的稳定性分析结果及其实施过程。

5.2 土体蠕变变形与蠕变模型

5.2.1 土体蠕变模型

土体的变形、强度和稳定性具有明显的时效性和区域性，主要体现在蠕变、松弛、长期强度、弹性后效和滞后效应等研究方面[165]。当前土体材料蠕变理论和工程应用的研究还是相当活跃的，并且国内外也取得了很多研究成果，这主要表现在蠕变模型的选取和模型中蠕变参数的辨识两方面。从研究土体材料蠕变的唯现象方法出发，现有的蠕变模型主要有两类：一类为利用规定的蠕变元件，即虎克体、牛顿体和塑性摩擦元件，组成的物理模型称为蠕变理论模型；另一类为描述土体材料蠕变特性的数学模型称为经验模型。其中，蠕变元件的模型理论概念直观、计算简单、物理意义明确、参数只要通过实验和监测容易获取，被广大科技人员所采用，因此工程应用上对土体材料蠕变时效性的研究一般都采用蠕变元件的模型理论，而经验模型缺乏系统的理论推导、差异性较大、通用性较差、参数选取灵活性大，并且反映的只是蠕变外部表现，无法对土体材料蠕变内部的特性及机理进行反映，因此在工程中不常用。

目前，对土体蠕变模型理论的研究方面，通常认为土体的蠕变变形是弹性、黏性和塑性共存的结果[166~172]。一般是根据模型元件的本构关系特点，即虎克体、牛顿体和塑性摩擦元件，进行串并组合成各种不同的理论模型，由模型元件的性质以及串并联有关的计算理论知识，进行理论公式推导出蠕变模型的本构方程，然后通过土体的实验和位移变形监测数据，运用数学方法和弹塑性力学理论求解和运用数值计算得出土体结构的应力、应变的分布，将结果代入理论公式来确定该蠕变模型中的各力学参数。随着土体蠕变力学问题的深入和现代计算水平的快速发展，模型理论的研究主要分为两类：第一类为在考虑孔隙水的运动规律和岩土颗粒骨架的变形规律基础上建立的本构方程，主要有Terzaghi模型(1925)、Merchant模型(1940)、陈宗基模型(1957)、Folque模型(1961)、Keedwell模型(1972)和Vgalov模型(1986)等。第二类是从固体力学出发直接按固体变形的黏弹性理论来分析岩土材料变形特性：主要有Maxwell模型(1941)、Kelvin模型(1944)、Burgers模型(1946)、Bingham模型(1946)、Bodener黏塑性统一模型(1986)、中村模型(1949)、西原模型(1961)、村山模型(1964)、刘宝琛模型(1964)、Langer模型(1966，1969，1972，1990)、孙钧模型(1982)、朱向荣模型(1991)等。基于理论模型中元件模型线性组合的特点，因此该模型力学性质单一，只能对土体线性变形的情况进行求解，然而自然界的土体更多表现为非线性变形特性，于是就发展了非线性模型元件，即经验模型的应用，目前对于非线性模型元件的大多数研究都是将线弹性元件用非线性弹性元件代替，鉴于这类非线性元件理论公式的复杂性，因此该类模型在工程实践上不常用。

关于土体蠕变经验模型的本构关系式研究，一般是根据土体结构的变形特点直接给出土蠕变方程的函数式，如：Mitchell(1968)、Vyalov(1986)、Christensen和Wu(1964)、Keedwell(1984)等提出的应用速率过程理论，Bazant(1979)、Ansal(1979)等分别运用内时理论建立的黏塑性本构方程，Boltzmann叠加原理的积分型本构模型等。其中在现有的各种函数式中普遍采用的是双曲线型、对数型和幂次型形式的蠕变方程，该类函数型式具有明显的非线性特点，因此可以求解土体材料的非线性蠕变问题。

综上所述，基于土体的变形特点，其蠕变变形一般都是非线性的，完全线性的变形是没有的。由于模型元件理论所研究的蠕变变形只限于线性蠕变问题，因此为了要描述土体的非线性蠕变，则要采用其他非线性黏弹塑性理论或纯粹的非线性经验公式；要么通过物理、数学和力学的方法对模型元件理论进行改进，如采用非线性元件，关于这类非线性蠕变本构模型的研究有：Barden(1965)和Keedwell(1972)分别提出的非线性Kelvin模型、Christensen和Wu(1964)提出的非线性三单元Kelvin－Voigt模型、Muragma和Shibata(1964)提出的非线性Bingham模型、陈沅江等(2003)提出的一种非线性塑性元件与其他线性模型元件复合而成的非线性蠕变模型等。本文依据对靠崖窑土体结构变形的现场调查，基于塑性力学知识，采用非线性蠕变模型元件与模型理论中的Burgers模型串联复合而成的具有黏弹塑性的非线性蠕变计算模型，就蠕变作用对靠崖窑土体强度和稳定性的影响进行研究。

5.2.2 土体蠕变分析的对应性原理

土体工程的蠕变求解过程是一个非常复杂的问题，一般根据蠕变模型先进行一维本构关系的求解，根据单轴试验和实测曲线获得应力、应变、位移等数据，然后对模型中的蠕变参数进行辨识，再将本构关系推广为二维或三维形式。研究成果表明：在土体结构的小变形范围内，黏弹性问题与弹性问题只是在本构关系不同，其平衡方程、几何关系及边界条件完全相同，因此可以借鉴弹性理论来求解黏弹性问题[173]。

黏弹性对应性原理是指由弹性理论知识解出应力、应变和位移所必须满足的微分型或积分型基本方程组，经 Laplace 变换后形成线弹性力学问题相似的代数方程组，从而根据对应关系将黏弹性问题转化为线弹性问题进行求解，然后进行 Laplace 逆变换，即可得到同一问题的黏弹性解，这样大大简化了黏弹性问题的求解过程，这一过程可用图 5－1 描述[174]。

当采用微分型的蠕变本构方程来描述土体的黏弹性时，其土体结构的应力、应变和位移必须要满足平衡方程、边界条件和几何方程以及本构方程等基本方程组，如下

平衡方程：

$$\sigma_{ij,j} + F_i = 0 \tag{5-1}$$

边界条件：

$$\begin{cases} \sigma_{ij} n_j = T_i & （在 S_\sigma 应力边界上） \\ u_i = u_i^0 & （在 S_u 位移边界上） \end{cases} \tag{5-2}$$

几何方程：

$$\varepsilon_{ij} = \frac{1}{2}(u_{i,j} + u_{j,i}) \quad （在边值问题 V 区域上） \tag{5-3}$$

本构方程：

$$\begin{cases} S_{ij} = 2Ge_{ij} \\ \sigma_{ij} = 3K\varepsilon_{ij} \end{cases} \tag{5-4}$$

式中：S_{ij}和e_{ij}分别为σ_{ij}和ε_{ij}应力和应变的偏张量分量；G为土体的剪切模量；K为土体的体积模量；F_i为体积力；T_i为面积力。

根据对应性原理，对式(5－1)～式(5－4)进行单边 Laplace 变换得

平衡方程：

$$\tilde{\sigma}_{ij,j}+\tilde{F}_i=0 \tag{5-5}$$

边界条件：

$$\begin{cases}\tilde{\sigma}_{ij}n_j=\tilde{T}_i & (\text{在 } S_\sigma \text{ 边界上})\\ \tilde{u}_i=\tilde{u}_i & (\text{在 } S_u \text{ 边界上})\end{cases} \tag{5-6}$$

几何方程：

$$\tilde{\varepsilon}_{ij}=\frac{1}{2}[\tilde{u}_{i,j}+\tilde{u}_{j,i}] \tag{5-7}$$

本构方程

$$\begin{cases}\tilde{e}_{ij}=\dfrac{\tilde{S}_{ij}}{2E_2}\\ \tilde{\varepsilon}_{kk}=\dfrac{\tilde{\sigma}_{kk}}{3K}\end{cases} \tag{5-8}$$

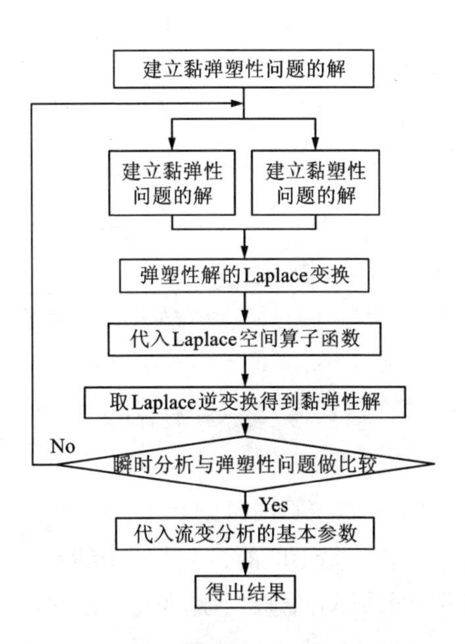

图5－1　黏弹塑性的对应性求解过程

通过比较式(5 -5) ~ 式(5 -8)可见，经 Laplace 变换后的各黏弹性方程与相对应的线弹性方程其形式完全相同，只不过变换后的方程要采用新的体力 $\tilde{F}_i$、面力 $\tilde{T}_i$ 及新的指定位移 $\tilde{u}_i^0$ 来求解，然后再对该弹性力学方程的解进行 Laplace 逆变换，这样就得到了原黏弹性蠕变问题的解答。

5.2.3 土体非线性蠕变特性

众所周知，土体是由矿物颗粒、孔隙气和孔隙水组成的多相非均质非连续的结构材料，一般在恒载作用下，土体的蠕变变形表现出明显的非线性特性，即蠕变本构关系的非线性特性，是一种典型的非线性蠕变材料。因此，如果仅用现有线性蠕变元件的模型理论来研究土体的蠕变问题必定会与工程实际情况有偏差，甚至对土体的强度和稳定性预测做出错误的判断，应该结合线性蠕变元件的特点改用非线性复合蠕变理论来研究土体的蠕变问题。传统的蠕变曲线与等时曲线见图 5 -2 所示[175, 176]。

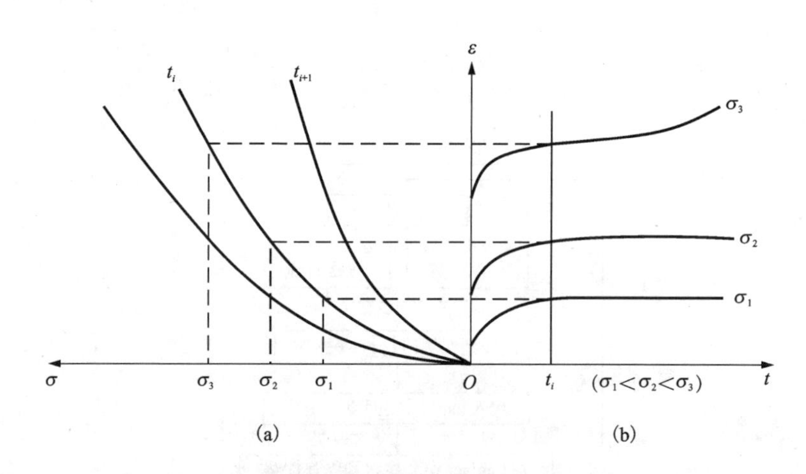

图 5 -2 蠕变与等时曲线

从图 5 -2 可以看出，土体在不同时刻和不同应力状态下的应力 - 应变等时曲线和蠕变曲线的分布特征是不同的，均呈现非线性，说明土体的蠕变本构关系是非线性的。但是随着时间的延续，蠕变变形的发展导致应力 - 应变等时曲线逐渐向应变轴靠拢，而且应力水平越高，应力 - 应变等时曲线偏离直线的程度就越大，并且非线性程度随应力水平的提高而增强；同时也显示随着时间的增长，应力－应变等时曲线偏离直线的程度增加，说明非线性程度亦随时间的增长而增强[176]。另外，随着时间的延续，蠕变曲线在荷载较小的情况下，其分布特征相似，并趋于稳定变形值，但是在荷载比较大的情况下，蠕变曲线出现加速破坏的特征，其蠕变曲线具有很强的非线性特性。这些关系和蠕变参数的辨识是可以直接从蠕变曲线及应力－应变等时曲线上得到，因此土体材料非线性蠕变的固有力学特性，已被认可得到了广泛的应用。

然而现有的蠕变元件模型理论大多数只限于讨论土体的线性蠕变问题（蠕变的前两个阶段），表现出求解问题的简单性和近似性，如果仍要用模型理论的优点来分析土体非线性蠕变问题的话，通常的做法是用经验的非线性元件来替代模型中的线性元件，这样最终得到的非线性蠕变本构模型不仅能描述衰减蠕变和等速蠕变，而且还能描述加速蠕变，即得到蠕变的全过程曲线。而线性理论是不能描述加速蠕变的。目前，由实验方法、物理、数学和力学理论得到的经验本构关系一般都是非线性的。

因为非线性问题求解的复杂性，其本构方程、平衡方程、几何关系和边界条件与弹性问题的求解均不相同，只能通过非线性迭代求解技术，获得近似解，因此在线性蠕变问题中适用的对应性原理在非线性蠕变问题中已不再适用，并且非线性蠕变问题一般都无法得到解析解。目前对非线性蠕变问题的解大多只采用各种数值解得到较精确的解答。在运用数值技术进行非线性蠕变的求解过程，一般采用增量迭代法，用一系列的线性蠕变本构关系来逼近非线性的蠕变本构关系，得到非线性问题的解[177]。

在蠕变状态中，蠕变分为稳定蠕变和非稳定蠕变两大类。稳定蠕变是蠕变变形随时间的增加而变化，但最终蠕变速率趋于零，变形趋于某一稳定值，一般不会发生蠕变破坏[178]。非稳定蠕变变形随时间持续而不断发展，蠕变曲线呈现明显的蠕变三阶段过程，即衰减蠕变、等速蠕变和加速蠕变，最终导致破坏，在研究土体结构的蠕变过程中常用非线性非稳定蠕变理论来解答。

非线性蠕变体的主要特征表现为应力－应变和应力－应变速率呈非线性关系，蠕变柔量和黏滞系数不仅是时间的函数，还应与应力水平有关，在蠕变等时曲线中不再是直线或折线，而是一簇曲线，反映该曲线在同一时刻不同应力水平下的蠕应变值，与所受的应力不再满足正比关系。在低应力作用下，黏滞系数随施加的应力增加而增加，随延续时间的增加亦增加；在高应力作用下，黏滞系数随施加的应力增加而减小，随延续时间的增加也减小。鉴于上述特征，笔者得出了应力、应变率和黏滞系数的非线性关系曲线图，见图5－3。

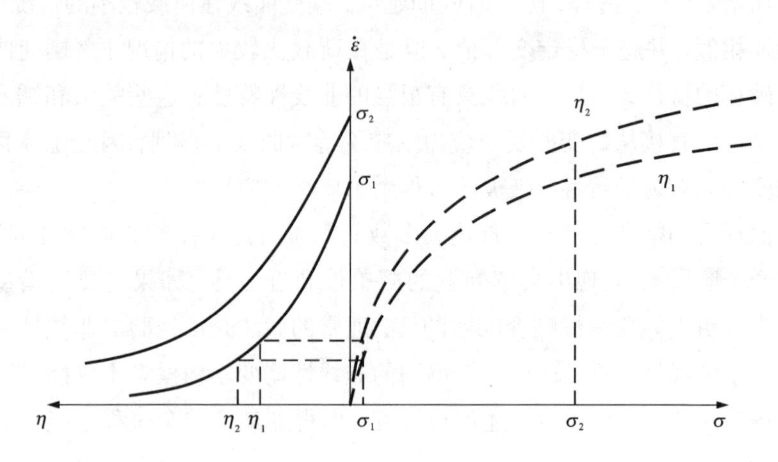

图5－3　η，σ 和 $\dot{\varepsilon}$ 的关系示意图

根据蠕变黏性元件关系式有

$$\sigma = \eta\dot{\varepsilon} \tag{5-9}$$

弹性力学应力与应变关系

$$E\varepsilon = \eta\dot{\varepsilon} \tag{5-10}$$

将式（5－10）分离变量得积分方程

$$E\int\frac{1}{\eta}\mathrm{d}t = \int\frac{1}{\varepsilon}\mathrm{d}\varepsilon \tag{5-11}$$

（1）不考虑土体强度的时效性和蠕变变形的非线性特点，当 $t=0$，$\varepsilon=\varepsilon_0$，式（5－11）的解

$$\varepsilon(t) = \varepsilon_0\mathrm{e}^{\frac{E}{\eta}t} \tag{5-12}$$

式中：ε_0 为瞬时应变。

（2）考虑土体强度和黏滞系数的非线性时效特性，式（5－10）变为

$$E(t)\varepsilon = \eta(\sigma,\ t)\dot{\varepsilon} \tag{5-13}$$

将式（5－13）分离变量得积分方程

$$\int\frac{E(t)}{\eta(\sigma,\ t)}\mathrm{d}t = \int\frac{1}{\varepsilon}\mathrm{d}\varepsilon \tag{5-14}$$

在没有土体构筑物的位移和土体压缩实验资料的情况下，对于上述积分方程是得不到解析解的。

在 Mohr – Coulomb 时效性的剪切准则中，主要是针对抗剪强度指标 c 和 φ 值的时效特性，如下

$$\tau = \sigma\tan\varphi(t) + c(t) \tag{5-15}$$

将式(5－15)变形

$$\varepsilon = \frac{\tau - c(t)}{E(t)\tan\varphi(t)} \tag{5-16}$$

借用文献[179]中黏滞系数的非线性关系式(在法向应力一定的情况下，黏滞系数 η 与时间 t 满足非线性关系，与法向应力 σ 满足对数关系)在土体工程中的适用性，在这里取

$$\eta(\sigma,\ t) = At\ln\frac{t_0}{t} + B\arctan\left(\ln\frac{\sigma}{m\sigma_t}\right) \tag{5-17}$$

$$E(t) = at^n + E_0 \tag{5-18}$$

式中：A，B 为试验参数；m，n 为土体材料结构有关的常数；E_0 为土体的瞬时变形模量；t_0 为当荷载为 σ_t 时的时间。

结合式(5－14)得

$$(at^n + E_0)\varepsilon = \left[At\ln\frac{t_0}{t} + B\arctan\left(\ln\frac{\sigma}{m\sigma_t}\right)\right]\dot{\varepsilon} \tag{5-19}$$

(1)线性蠕变的情况，式(5－19)为

$$(at^n + E_0)\varepsilon = \eta\,\dot{\varepsilon} \tag{5-20}$$

分离变量积分求解，得到蠕变方程

$$\varepsilon = \varepsilon_0 e^{\frac{E_0}{\eta}t + \frac{a}{\eta}\frac{1}{n+1}t^{n+1}} \tag{5-21}$$

(2)非线性蠕变的情况，式(5－19)为

$$(at^n + E_0)\varepsilon = \left[At\ln\frac{t_0}{t} + B\arctan\left(\ln\frac{\sigma}{m\sigma_t}\right)\right]\dot{\varepsilon} \tag{5-22}$$

要想获得式(5－22)的解析式很难的，只能通过数值解法获得近似解。

将上式分离变量，在时间 $t \in [t_0,\ t]$ 进行数值积分

$$\int_{t_0}^{t} \frac{(at^n + E_0)}{\left[At\ln\frac{t_0}{t} + B\arctan\left(\ln\frac{\sigma}{m\sigma_t}\right)\right]}dt = \int_{\varepsilon_0}^{\varepsilon}\frac{1}{\varepsilon}d\varepsilon \tag{5-23}$$

将上式右边令

$$I = \int_{\varepsilon_0}^{\varepsilon}\frac{1}{\varepsilon}d\varepsilon$$

$$f(t) = \frac{(at^n + E_0)}{\left[At\ln\frac{t_0}{t} + B\arctan\left(\ln\frac{\sigma}{m\sigma_t}\right)\right]}$$

对式(5－23)进行辛甫生求积数值方法可以得到：

$$I \approx \frac{7}{45}T_n + \frac{32}{45}h\sum_{k=0}^{2n-1}f(x_{2k+1}) - \frac{h}{90}\sum_{k=0}^{n-1}f(x_{k+\frac{1}{2}}) \tag{5-24}$$

根据复化梯形求积法得

$$T_n = \frac{h}{2}\left[f(t_0) + 2\sum_{k=1}^{n-1}f(t_k) + f(t)\right] \tag{5-25}$$

将式(5－25)代入到式(5－24)

$$I \approx \frac{h}{90}\left[f(t_0) + 2\sum_{k=1}^{n-1}f(t_k) + f(t)\right] + \frac{32}{45}h\sum_{k=0}^{2n-1}f(t_{2k+1}) - \frac{h}{90}\sum_{k=0}^{n-1}f(t_{k+\frac{1}{2}}) \tag{5-26}$$

式中：h 为蠕变时间步长。

可以看出：只要知道 A, B 试验参数，m, n 土体结构常数，蠕变时间，土体的瞬时变形模量 E_0 和瞬时应变 ε_0，通过辛甫生求积数值方法可以得到非线性蠕变方程。

很明显，土体的黏滞系数 η、土体的变形模量、抗剪强度指标与土体材料本身的特性和荷载条件及时间密切相关，并且上面的力学参量对土质边坡的稳定性、地基承载力、建筑基坑工程的稳定性、靠崖窑土体结构的稳定性和土压力等也有明显的影响，在解析中可以用迭代法进行求解。然而线性黏滞系数只能反映蠕变的前两个阶段。

5.3 靠崖窑土体结构的蠕变时效特性

5.3.1 窑洞土体的蠕变变形特性[180, 181]

靠崖窑赋存于土体中，是一种典型的土拱结构，其结构的变形表现为窑洞土体的变形，主要是由窑脸边坡的位移、窑洞周围土体的位移、窑腿的位移和上覆土层的位移，由于土体材料结构特性和固有的力学属性，因此上述变形并不是在瞬时完成，而是具有蠕变时效性。靠崖窑窑洞结构的变形具有含地下洞室土质边坡的特点，其变形过程有之相似之处，又依据现场调查与监测数据，窑洞土体的蠕变变形特点主要包括：土体的蠕动变形、挤压变形、滑动开裂变形和破坏的加剧变形阶段。

(1)土体的蠕动变形

一定土质结构的靠崖窑，由于雨水冲刷、人工开挖、窑洞荷载、或因地下水的水位的改变和地震等作用，引起窑体内部的应力、应变调整，在靠崖窑上覆土层的潜部范围或崖壁的中上部产生应力集中，常常在应力、应变集中的局部区域，该处剪应力超过土体实有的抗剪强度或者出现拉应力而产生塑性变形，其变形表现为土体的蠕动变形。随着塑性区的扩展，上面范围中部的土体会向下挤压，引起后部牵引段塑性区的出现与稳定的土体产生作用而出现拉张裂缝。因该阶段塑性区主要分布在局部范围，变形裂缝为断断续续不贯通和不成核，变形随着时间的延续，上述变形裂缝会继续扩展，逐渐贯通。土体的蠕动变形，不会影响靠崖窑结构的稳定性，初始变形阶段属于蠕变第一阶段，即衰减蠕变，这一阶段的变形规律为应变、位移随时间会继续增大，但是在较低的应力条件下，该变形能够稳定。

(2)挤压变形

局部塑性区范围的土体出现优势拉伸裂缝后(潜在的破坏裂缝)，若继续受到降雨的浸湿、渗透、人工活动的影响，会加速塑性区周围的土体强度的弱化，在优势裂缝和受影响区的位移得到进一步扩展，推挤稳定土体，优势裂缝向塑性区周围延伸，加上黄土体垂直节理裂隙发育的特点，优势裂缝主要以较快的速度垂直向下发展，并张开较大的位移，到处出现裂缝的动态扩展呈不规则的翼形裂缝。由于土拱自撑强度的发挥，窑洞塑性区还没有完全贯通，所以窑洞整体受挤压时，还能继续保持稳定。但是在稳定土体中，贯通的塑性区会逐渐形成，主要表现为剪切型，并在剪出口或在洞顶，或在崖壁上，或在洞室内部土体断续出现，逐渐成核、贯通。

(3)滑动开裂变形

当窑洞土体的塑性区大部分形成，并且在原先稳定的土体中又进一步贯通后，靠崖窑土体结构即进入整体滑动阶段。窑洞上、中、下部位移速度呈现出较大的值，又由于窑洞土体侧压力的推挤作用，促进了横向裂缝的扩展；在垂直优势节理裂隙和洞顶范围的土体中出现纵向裂缝，上覆土层的垂直位移增大，窑洞已出现局部破坏。

(4)破坏的加剧变形阶段

当窑洞出现局部破坏的塑性区开始整体贯通时，会经一个短期的位移加剧发展，塑性区内的土体强度和稳定性即将进入到窑洞结构破坏的加剧变形阶段，此时塑性区以非常快的速度贯通，并从窑洞内部稳定土体扩展到地表、崖壁的整个优势裂缝全长、窑脸边坡、土体侧压力的影响区域等范围都已出现严重的破坏，同时破坏裂缝增多。

5.3.2 改进的 Burgers 非线性蠕变模型

蠕变作为土体材料固有的力学属性已被科学界和工程界所接受，并且在实验、理论和应用方面已取得了重大研究成果。目前比较常用的蠕变模型有 Maxwell 模型、Kelvin 模型、Burgers 模型、Bingham 模型、H - K 模型、西原模型等，这些模型由蠕变元件经过串并联组合而成，都能反映土体的蠕变变形，均属线性模型，通过各元件的特性进行求解蠕变方程。其中 Burgers 模型具有模型形式简单，模型参数容易获取，能较好地反映土体的弹性、黏弹性、塑性变形特性，也能较好地描述土体蠕变第三期以前的变形特性，即衰减蠕变和稳定蠕变变形，因此该模型已被广泛应用[182~184]。然而 Burgers 模型的研究和应用目前主要是在岩石力学与工程方面，在土体工程中很少被大量应用，尤其在窑洞土体变形的研究和应用方面的文献资料相当少，同时该模型还不能考虑土体破坏加速变形的过程，即蠕变全过程。大量研究表明，土体材料变形具有瞬弹、塑性、黏性、黏弹性共存的变形性质，因此本人依据蠕变模型理论的研究成果，结合广泛适用土体工程的 Mohr - Coulomb 塑性屈服准则，进一步研究靠崖窑土体的黏弹塑性蠕变特性，并对 Burgers 模型进行改进，建立能模拟土体材料黏弹塑性和蠕变全过程的非线性蠕变模型，该研究无论对于土力学与工程理论，还是实践应用都具有十分重要的意义。

改进的 Burgers 非线性模型是由 Maxwell 模型、黏塑性模型和自添加的非线性塑性元件串联而成[185]，其中 Burgers 蠕变模型是线性蠕变模型，反映的是蠕变的前两个阶段，而非线性特征和土体的加速蠕变阶段主要由 Mohr - Coulomb 塑性元件来实现，如图 5 - 4 示。

图5-4中：E_1 为土体的瞬时变形模量；E_2 为黏弹性变形模量；η_1 为土体的黏滞系数；η_2 为黏弹性黏滞系数；σ_{sM-C} 为非线性塑性元件的应力阈值，是窑洞土体出现加速变形破坏力的下限值，在满足该情形下的变形，已显示出靠崖窑土体结构已出现贯通的塑性区。

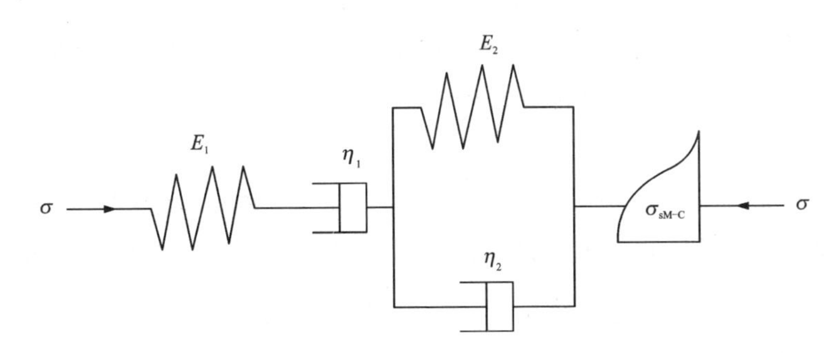

图5-4　改进的Burgers蠕变非线性模型

根据窑洞土体结构各阶段的变形特点，典型的Burgers蠕变模型只能描述第三期以前的黏弹性线性规律，不能描述土体的加速破坏蠕变的行为，即蠕变曲线的全过程曲线。为此本文根据Mohr-Coulomb塑性屈服准则的非线性特点，提出了一种适应靠崖窑土体蠕变变形的非线性塑性元件，该模型能描述土体蠕变的三个阶段，即衰减蠕变、稳定蠕变和加速蠕变，同时还能模拟非线性黏弹塑性偏量情形和偏量蠕变方程。

5.3.3　窑室土体的非线性蠕变分析

5.3.3.1　非线性蠕变变形

窑洞是典型的土体构筑物，其洞体结构的变形主要表现为土体的变形。靠崖窑洞室在开挖过程中，因自重卸荷作用，土体有不同程度的回弹，土体变形呈现出瞬时弹性，而后土体又有沿重力方向固结变形的趋势。当未超过土体强度时表现出黏弹性、塑性和稳定的黏塑性流动；当荷载作用超过非线性塑性元件的应力阈值时（如瞬时抗剪强度），窑室土体结构呈现出大量贯通的塑性区，其变形呈现出不稳定的黏塑性流动，直至窑洞的破坏，这是蠕变变形会直接进入到土体蠕变变形的第三阶段，即加速蠕变变形阶段，这时表现出很强的加速塑性，考虑到靠崖窑洞室土体以上变形特点具有瞬时弹性、塑性、稳定的塑性流动、不稳定的塑性流动共存，故总应变量可由瞬时弹性、塑性、稳定的塑性流动、不稳定的塑性流动变形等四部分组成，即

$$\varepsilon = \varepsilon_{e} + \varepsilon_{v} + \varepsilon_{ve} + \varepsilon_{sM-C} \tag{5-27}$$

把窑洞土体的变形分成弹性变形 ε_{e} 和蠕变变形 ε_{c} 两部分，则在任何时刻的总变形 $\varepsilon = \varepsilon_{e} + \varepsilon_{c}$ 为这两部分之和，即

$$\varepsilon = \varepsilon_{e} + \varepsilon_{c} \tag{5-28}$$

在窑室土体非线性蠕变分析中，随着时间 t 的延续，不仅总变形 ε 增加，且土体变形过程中可恢复的弹性变形 ε_{e} 和黏弹性变形，不可恢复的黏塑性流动也同时增加。根据以上变形的特点，采用改进的非线性 Burgers 蠕变模型其分析过程如下：

Maxwell 体($H-N$)：

本构方程：

一维

$$\sigma + \frac{\eta_1}{E_1}\dot{\sigma} = \eta_1 \dot{\varepsilon} \tag{5-29}$$

三维

$$s + \frac{\eta_1}{2G_1}\dot{s} = 2\eta_1 \dot{e} \tag{5-30}$$

蠕变方程：

一维

$$\varepsilon = \sigma\left(\frac{1}{E_1} + \frac{t}{\eta_1}\right) \tag{5-31}$$

三维

$$e = s\left(\frac{1}{2G_1} + \frac{t}{\eta_1}\right) \tag{5-32}$$

Kelvin 体($H//N$)：

本构方程：

一维

$$\sigma = E_2\varepsilon + \eta_2 \dot{\varepsilon} \tag{5-33}$$

三维

$$s = 2G_2\varepsilon + \eta_2\dot{\varepsilon} \tag{5-34}$$

蠕变方程：

一维

$$\varepsilon = \sigma\left\{\frac{1}{E_2}\left[1 - \exp\left(-\frac{E_2}{\eta_2}t\right)\right]\right\} \tag{5-35}$$

三维

$$e = s\left\{\frac{1}{2G_2}\left[1 - \exp\left(-\frac{G_2}{\eta_2}t\right)\right]\right\} \tag{5-36}$$

5.3.3.2　非线性塑性加速元件[186]

Burgers 蠕变模型只能反映土体蠕变变形的前两个阶段，不能反映土体加速蠕变破坏特性，不符合工程实际。针对窑室土体变形的特点，当土体的实际剪应力小于抗剪强度时，窑洞处于稳定状态，而当实际剪应力大于土体的抗剪强度状态时，窑洞呈现出失稳破坏状态，甚至出现实际剪应力达到某一阈值时即 $\sigma \geqslant \sigma_{sM-C}$，随着窑室土体的变形，土体呈现出剧滑阶段，意味着窑洞已彻底被破坏，显然该变化过程是非线性的加速破坏。为了研究的方便，本文中引用非线性加速剪切元件，来反映窑室土体加速蠕变变形的非线性蠕变模型。

调查监测表明，在靠崖窑土体进入加速变形阶段时，蠕变变形率随时间的增加快速增长，本文引入的非线性塑性加速元件，它具有非线性牛顿体-塑性体的特性，即牛顿体的变形特性用非线性黏滞系数 $\eta_N(\sigma, t)$ 表征，塑性体的变形用非线性 Mohr-Coulomb 塑性屈服准则表征。在加速蠕变分析过程中非线性黏滞系数 $\eta_N(\sigma, t)$ 可做如下分析：

（1）当 $\sigma < \sigma_{sM-C}$ 时，$\langle\eta_N(\sigma, t)\rangle = \infty$，此时是不考虑非线性加速蠕变变形的影响；

（2）当 $\sigma \geqslant \sigma_{sM-C}$ 时，根据数理统计极值Ⅲ型 Weibull 分布特征，也在岩土参数可靠性研究中得到广泛的应用，在这里非线性黏滞系数 $\eta_N(\sigma, t)$ 的表达式可取为：

$$\eta_N(\sigma, t) = \langle\eta_N(\sigma, t)\rangle = At\ln\frac{t_0}{t} + B\arctan\left(\ln\frac{\sigma}{m\sigma_t}\right)$$

此时土体非线性加速蠕变变形形成。

式中：$\sigma_t' = m\sigma_t$ 为抗拉强度；t_0 为当荷载为 σ_t 时所需要的时间，即当 $t = t_0$，$\sigma =$

$m\sigma_t$；B 为实验参数；m 为土体本身特性参数，取值为 0 ~ 2，强度低的材料取小值，强度高的材料取大值。

为便于研究非线性黏滞系数 $\eta_N(\sigma, t)$ 的特点，下面分两种情况进行讨论：

(1)非线性黏滞系数 $\eta_N(\sigma, t)$ 和时间 t 的偏导数关系满足：

$$\frac{\partial \eta}{\partial t} = A\ln\frac{t_0}{t} < 0 \quad t < t_0 \tag{5-37}$$

$$\frac{\partial \eta}{\partial t} = A\ln\frac{t_0}{t} > 0 \quad t \geqslant t_0 \tag{5-38}$$

(2)非线性黏滞系数 $\eta_N(\sigma, t)$ 与应力 σ 的偏导数关系满足：

$$\frac{\partial \eta}{\partial \sigma} = \frac{B}{\sigma\left[1+\left(\frac{\ln\sigma}{\ln\sigma_t'}\right)^2\right]} < 0 \quad \sigma < \sigma_t' \tag{5-39}$$

$$\frac{\partial \eta}{\partial \sigma} = \frac{B}{\sigma\left[1+\left(\frac{\ln\sigma}{\ln\sigma_t'}\right)^2\right]} > 0 \quad \sigma \geqslant \sigma_t' \tag{5-40}$$

依据上面的公式非线性黏滞系数 $\eta_N(\sigma, t)$ 对时间 t 和应力 σ 的偏导数推导式，可以很明显地看出该黏滞系数的非线性关系，即非线性加速蠕变的特性。

研究中通过对非线性塑性加速元件黏滞系数 $\eta_N(\sigma, t)$ 的关系函数取值，可以很容易地从蠕变试验曲线中，采用分段最小二乘线性公式求解，得出参数 A、B 和 t_0，即可获得非线性黏滞系数 $\eta_N(\sigma, t)$ 的经验函数式。文中的经验关系式同文献[183]和其他关于非线性黏滞系数的经验关系式相比，本文推导的经验式模型元件少、参数少、方程简便、并且很容易获取模型参数，还能充分体现土体蠕变的第三阶段加速蠕变阶段，有其优越性。

根据上述推导的公式可以得到该模型的增量变形关系为：

$$\mathrm{d}\varepsilon = \mathrm{d}\varepsilon_{ij}^{e} + \mathrm{d}\varepsilon_{ij}^{v} + \mathrm{d}\varepsilon_{ij}^{ve} + \mathrm{d}\varepsilon_{ij}^{sM-C} \tag{5-41}$$

$$\dot{\varepsilon} = \dot{\varepsilon}_{ij}^{e} + \dot{\varepsilon}_{ij}^{v} + \dot{\varepsilon}_{ij}^{ve} + \dot{\varepsilon}_{ij}^{sM-C} \tag{5-42}$$

式中：变量上方的圆点表示变量随时间的变化率，ε_{ij}^{e}，ε_{ij}^{v}，ε_{ij}^{ve}，ε_{ij}^{sM-C} 分别为弹性应变，黏性应变，黏弹性应变和加速塑性应变。

利用蠕变力学理论可知，处于黏弹性状态的单元，黏弹性应变率为

$$\dot{\varepsilon}_{ij}^{ve} = \frac{1}{\eta_1}[C_0]\sigma_{ij} - \frac{E_1}{\eta_1}\varepsilon_{ij}^{ve} \tag{5-43}$$

根据时间积分的关系式可以得到：

$$\{\Delta\varepsilon_{ij}^{\mathrm{ve}}\}_n = \Delta t_n\left[\left(1-\theta\frac{E_1\Delta t_n}{\eta_1}\right)(\dot{\varepsilon}_{ij}^{\mathrm{ve}})_n + \frac{\theta\Delta t_n}{\eta_1}[C_0]\right](\dot{\sigma}_{ij})_n \tag{5-44}$$

针对黏弹塑性状态的单元，塑性应变率为

$$\dot{\varepsilon}_{ij}^{p} = \frac{1}{\eta_2} < \varphi\left(\frac{F}{F_0}\right) > \frac{\partial Q}{\partial\sigma_{ij}} \tag{5-45}$$

又根据时间积分的关系式可以得到：

$$\{\Delta\varepsilon_{ij}^{\mathrm{vp}}\}_n = \Delta t_n[(\dot{\varepsilon}_{ij}^{\mathrm{vp}})_n + \theta[H]^n(\dot{\sigma}_{ij})_n\Delta t_n] \tag{5-46}$$

式中：$[C_0]$为迫松比矩阵；F 为屈服函数；F_0 为使系数变为无量纲而采用的参考值，$<\varphi\left(\frac{F}{F_0}\right)>$ 为一关系函数，若 $\varphi\left(\frac{F}{F_0}\right)>0$，则 $<\varphi\left(\frac{F}{F_0}\right)> = \varphi\left(\frac{F}{F_0}\right)$，若 $\varphi\left(\frac{F}{F_0}\right)\leqslant 0$，则 $<\varphi\left(\frac{F}{F_0}\right)> = 0$，$Q$ 为塑性势，为简单起见，本文选用相关联的屈服流动法则 $F=Q$，$[H]^n = \left(\frac{\partial\dot{\varepsilon}_{ij}^{\mathrm{vp}}}{\partial\sigma_{ij}}\right)_n$；$\theta$ 为时间积分因子，其一般取值范围为 $0<\theta\leqslant 1$；$\{\dot{\varepsilon}_{ij}^{\mathrm{ve}}\}_n$，$\{\dot{\varepsilon}_{ij}^{\mathrm{vp}}\}_n$ 分别为 t_n 时刻的黏弹性应变率和黏塑性应变率，$t_{n+1}=t_n+\Delta t_n$。

在窑室土体贯通塑性区出现前，蠕变模型为 Burgers 线性蠕变模型，在贯通塑性区出现后，此模型如图 5 -4 所示。

本文中塑性屈服准则采用广泛适用于土体的 Mohr - Coulomb 拉伸破坏和剪切破坏相结合的复合屈服准则，其中 Mohr - Coulomb 准则的剪切屈服函数为

$$F = \sigma_3 - \sigma_1 + (\sigma_3+\sigma_1)\sin\varphi - 2c\cos\varphi \tag{5-47}$$

也可以写成：

$$F = \frac{1}{3}I_1\sin\varphi - \left(\cos\theta_\sigma + \frac{\sin\theta_\sigma\sin\varphi}{\sqrt{3}}\right)\sqrt{J_2} + c\cos\varphi$$

其中

$$\theta_\sigma = \frac{1}{3}\sin^{-1}\left(\frac{-3\sqrt{3}}{2}\frac{J_3}{J_2^{3/2}}\right)$$

拉伸屈服函数为

$$F = \sigma_t - \sigma_3 \tag{5-48}$$

式中：c 为材料的黏结力；φ 为内摩擦角；σ_t 为抗拉强度；σ_3，σ_1 分别为最大主应力和最小主应力，这里以压为正，拉为负。

在土体塑性变形分析过程中，文中采用的是相关联的塑性流动法则，即剪切情况

$$\frac{\partial Q}{\partial \sigma_1}=\frac{\partial F}{\partial \sigma_1}=\sin\varphi-1 \tag{5-49}$$

$$\frac{\partial Q}{\partial \sigma_3}=\frac{\partial F}{\partial \sigma_3}=\sin\varphi+1 \tag{5-50}$$

拉伸情况

$$\frac{\partial Q}{\partial \sigma_3}=\frac{\partial F}{\partial \sigma_3}=1 \tag{5-51}$$

土体强度具有明显的时效特点，在工程界已被证明。在这里，靠崖窑土体的抗剪强度指标黏聚力 c 和内摩擦角 φ 在计算中均取其长期强度值，并且黏聚力 c 和内摩擦角 φ 随窑室土体的变形和时间的延续在不断地发生变化。文献[183]指出，土体的抗剪强度值随时间的变化关系主要表现为黏聚力 c，其变化规律是黏聚力 c 和内摩擦角 φ 随时间的延续均逐渐减小，但内摩擦角 φ 的时效变化较小。变化特征见图 5-5 所示。

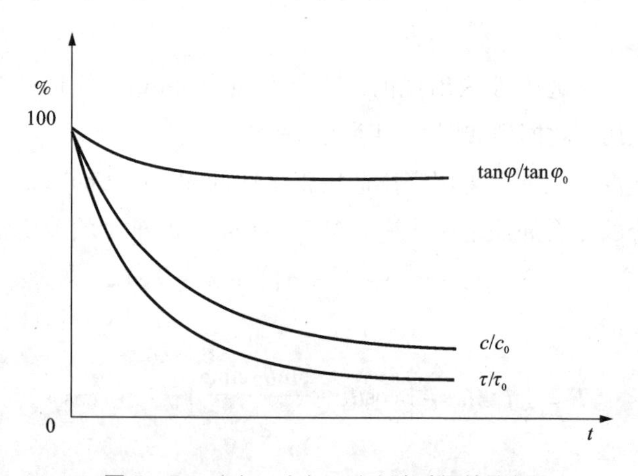

图 5-5　$\tau(t)$、$c(t)$、$\varphi(t)$ 随时间的降低

根据 Mohr-Coulomb 塑性屈服准则，窑室土体的瞬时抗剪强度为

$$\tau_0=c_0-\sigma_n\tan\varphi_0 \tag{5-52}$$

窑室土体的长期抗剪强度为

$$\tau_\infty=c_\infty-\sigma_n\tan\varphi_\infty \tag{5-53}$$

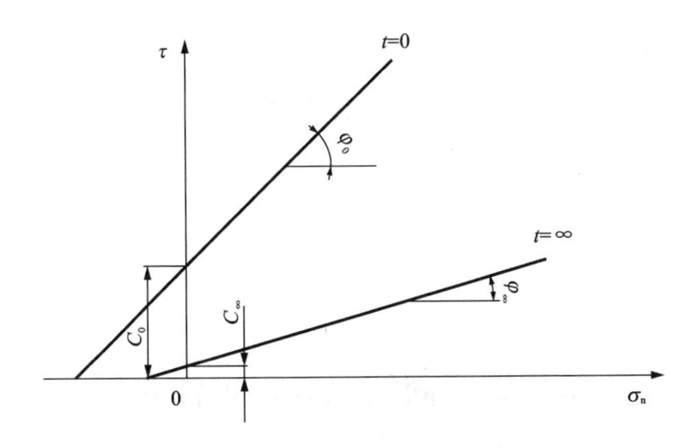

图5－6　黏土的长期抗剪强度

结合文献资料[183]获悉：$c_{\infty}/c_0=1/8\sim1/3$，$\tan\varphi_{\infty}/\tan\varphi_0=0\sim1$，为方便计算本文选取$c_{\infty}/c_0=1/4$，$\tan\varphi_{\infty}/\tan\varphi_0=1/2$，

这里采用幂函数形式

$$c/c_0=at^m+b \tag{5-54}$$

$$\tan\varphi/\tan\varphi_0=ct^n+d$$

式中：m，n为经验常数。

（1）黏聚力c的演化特性

1）$t=0$，$c/c_0=1$；

2）$t\to\infty$，$c/c_0=0.25$。

解上式，得

$$a=0.75,\ b=0.25$$

两边取对数，并令

$$Y=\ln c/c_0-0.25,\ X=\ln t \tag{5-55}$$

得到线性关系式

$$Y=mX+\ln0.75 \tag{5-56}$$

（2）内摩擦角φ的演化特性

1）$t=0$，$\tan\varphi/\tan\varphi_0=1$；

2）$t\to\infty$，$\tan\varphi/\tan\varphi_0=0.5$。

解上式，得

$$a=0.5,\ b=0.5$$

两边取对数，并令

$$Y=\ln c/c_0-0.5,\ X=\ln t \tag{5-57}$$

得到线性关系式

$$Y=nX+\ln 0.5 \tag{5-58}$$

再根据土体抗剪强度的蠕变实验，可以很容易得到 m，n 经验常数。

5.4 窑洞土体结构蠕变固结时效稳定性分析

由于窑室土体是具有多孔隙的连续介质，结合窑室土体蠕变和固结固有的力学特性，在降雨渗流过程中，将静水压力和渗透压力转为体积力。很明显土体中应力场改变会影响到土体的孔隙特性，此时渗透系数和固结都会发生变化；土体在自重固结过程中，土体的渗透性也会受到明显的影响，应力场发生变化；同时土体介质的渗透系数变化也会影响到土体的蠕变性，在渗透过程中土体的自重增加，孔隙水压力增加，有效应力减小，其应力场也在发生不断的变化，实现了土体渗流场、蠕变效应和固结效应三者的耦合分析。

众所周知，土体固结沉降作为土体压缩力学主要性能之一，在有效应力作用下其不断发生变化，对土体工程结构有重要的影响。针对靠崖窑开挖工程，以往的分析研究主要集中在原始边坡受内外因素影响，发生变形甚至破坏，没有考虑到坡体介质在固结作用下对稳定性的影响过程，这与实际情况是不符的[187]。因此，笔者根据 Terzaghi 一维固结理论，初步分析土体固结蠕变作用下的力学特点及窑洞稳定性计算理论。根据上述假定，在饱和土体固结中，单元体在 $\mathrm{d}t$ 时间内沿竖向的流量等于单元体在 $\mathrm{d}t$ 时间内竖向压缩量，其流量为：

$$\mathrm{d}q=\frac{k}{\gamma_w}\frac{\partial^2\mu}{\partial z^2}\mathrm{d}x\mathrm{d}y\mathrm{d}z\mathrm{d}t \tag{5-59}$$

土体蠕变模型采用本文提出的改进的 Burgers 非线性粘弹塑模型，在单元体 $\mathrm{d}t$ 时间内土体压缩量为：

$$\mathrm{d}V=\mathrm{d}s\mathrm{d}x\mathrm{d}y\mathrm{d}t \tag{5-60}$$

一般情况下，土颗粒和水是不易压缩的，其土体的压缩量主要表现为孔隙水和气的排出，孔隙气被压缩。根据土的三相组成可以得到

$$V = V_s + V_n \tag{5-61}$$

式(5-60)变为

$$\mathrm{d}V_n = \mathrm{d}s\mathrm{d}x\mathrm{d}y\mathrm{d}t \tag{5-62}$$

根据竖向应变定义，得：

$$\mathrm{d}s = h\mathrm{d}\varepsilon_1 \tag{5-63}$$

将式(5-63)代入(5-62)

$$\mathrm{d}V_n = h\mathrm{d}\varepsilon_1\mathrm{d}x\mathrm{d}y\mathrm{d}t \tag{5-64}$$

结合 Burgers 蠕变模型的蠕变方程和有效应力，得：

$$\varepsilon_1 = \frac{E_1 + E_0}{E_1E_0}\sigma' - \frac{\sigma'}{E_1}e^{-\frac{E_1}{\eta_1}t} = \frac{E_1 + E_0}{E_1E_0}(\sigma - \mu) - \frac{\sigma - \mu}{E_1}e^{-\frac{E_1}{\eta_1}t} \tag{5-65}$$

$$\mathrm{d}\varepsilon_1 = -\frac{E_1 + E_0}{E_1E_0}\mathrm{d}\sigma' - \frac{1}{E_1}e^{-\frac{E_1}{\eta_1}t}\mathrm{d}\sigma' + \frac{\sigma'}{\eta_1}e^{-\frac{E_1}{\eta_1}t}\mathrm{d}t \tag{5-66}$$

结合式(5-64)，式(5-65)变为：

$$\mathrm{d}s = h\left(\frac{\sigma'}{\eta_1}e^{-\frac{E_1}{\eta_1}t}\mathrm{d}t - \frac{E_1 + E_0}{E_1E_0}\mathrm{d}\sigma' - \frac{1}{E_1}e^{-\frac{E_1}{\eta_1}t}\mathrm{d}\sigma'\right) \tag{5-67}$$

结合式(5-63)，得：

$$\mathrm{d}V = h\left(\frac{\sigma'}{\eta_1}e^{-\frac{E_1}{\eta_1}t}\mathrm{d}t - \frac{E_1 + E_0}{E_1E_0}\mathrm{d}\sigma' - \frac{1}{E_1}e^{-\frac{E_1}{\eta_1}t}\mathrm{d}\sigma'\right)\mathrm{d}x\mathrm{d}y\mathrm{d}t \tag{5-68}$$

再结合式(5-62)~式(5-68)，得到固结蠕变的控制方程：

$$\frac{k}{\gamma_w}\frac{\partial^2\mu}{\partial z^2} = h\frac{(\sigma - \mu)}{\eta_1}e^{-\frac{E_1}{\eta_1}t} + h\left(\frac{E_1 + E_0}{E_1E_0} + \frac{1}{E_1}e^{-\frac{E_1}{\eta_1}t}\right)\frac{\partial\mu}{\partial t} \tag{5-69}$$

展开式(5-69)，得：

$$\frac{k}{\gamma_w}\frac{\partial^2\mu}{\partial z^2} = h\frac{E_1 + E_0}{E_1E_0}\frac{\partial\mu}{\partial t} + h\frac{1}{E_1}e^{-\frac{E_1}{\eta_1}t}\frac{\partial\mu}{\partial t} + h\frac{(\sigma - \mu)}{\eta_1}e^{-\frac{E_1}{\eta_1}t} \tag{5-70}$$

式中：μ 为孔隙水压力；s 为固结沉降量；ε_1 为竖向应变；h 为计算高度；σ 为总应力；k 为竖向渗透系数；σ'为有效应力。

从式(5-69)可得出，公式右边的第一项为固结对渗透性的影响，第二项为蠕变作用对渗透性的影响，第三项为渗流蠕变作用对渗透性的影响。

从控制方程式(5-69)分析，在这里取 T_{vv} 为考虑蠕变的黏性时间因子，即

$$T_{vv} = h\left(\frac{E_1 + E_0}{E_1E_0} + \frac{1}{E_1}e^{-\frac{E_1}{\eta_1}t}\right) \tag{5-71}$$

并令

$$V_{sr} = h\frac{(\sigma - \mu)}{\eta_1}e^{-\frac{E_1}{\eta_1}t}$$

固结蠕变的控制方程变为：

$$\frac{k}{\gamma_w}\frac{\partial^2\mu}{\partial z^2} = V_{sr} + T_{vv}\frac{\partial\mu}{\partial t} \tag{5-72}$$

式(5-72)表示的为土体渗透、固结和蠕变的速度关系。

针对图5-7的定解条件：

(1)边界条件

当 $z=0$, $\mu=0$, $t>0$; $z=2H$, $\mu=0$, $t>0$

(2)初始条件

当 $t=0$, $\mu=p=$ 常数

因式(5-72)定解条件的复杂性，为此该问题可借用数值解法，这里采用有限差分法，式(5-72)的微分可用差分表示：

$$\frac{\partial^2\mu}{\partial z^2} = \frac{\mu_1 + \mu_2 - 2\mu_0}{\Delta z^2} \tag{5-73}$$

$$\frac{\partial\mu}{\partial t} = \frac{\mu_{0,\,t_{n+1}} - \mu_{0,\,t_n}}{\Delta t} \tag{5-74}$$

式中：$\mu_{0,\,t_n}$，$\mu_{0,\,t_{n+1}}$ 分别表示节点0，在 t_n 和 t_{n+1} 时刻的孔隙水压力，Δt 时间间隔。

结合式(5-74)，得：

$$\mu_{0,\,t_{n+1}} = \frac{\Delta t}{c + de^{-mt_n}}\left(\frac{\mu_1 + \mu_2 - 2\mu_0}{\Delta z^2} - be^{-mt_n}\right) + \mu_{0,\,t_n} \tag{5-75}$$

其中 $a = \frac{k}{\gamma_w}$ $b = h\frac{P-\mu}{\eta_1}$, $c = h\frac{E_1 + E_0}{E_1 E_0}$, $d = \frac{h}{E_1}$, $m = \frac{E_1}{\eta_1}$

上式表明，在节点0处，$t = t_{n+1}$ 时刻孔隙水压力由0点和它相邻点 $t = t_n$ 时的孔隙水压力值确定。

5.5　算例分析

(1)计算模型

为了验证本文所提出模型的可靠性，选取一靠崖窑进行分析计算，设靠崖窑位于均质崖坡的中上部，计算区域取坡高 $h=10$ m，总高度 $H=20$ m，总宽 $L=23$ m，其中靠崖窑由三孔组成，窑洞高为3.4 m，窑跨为3.6 m，窑腿宽为3 m，计算模型共划分8769个节点，25791个单元，采用FLAC3D中有限差分单元，边界条件为下部固定，左右两侧水平约束，上部为自由边界，不考虑坡顶超载和施工等影响，该模型尺寸见图5－7所示、计算网格划分图见图5－8所示。

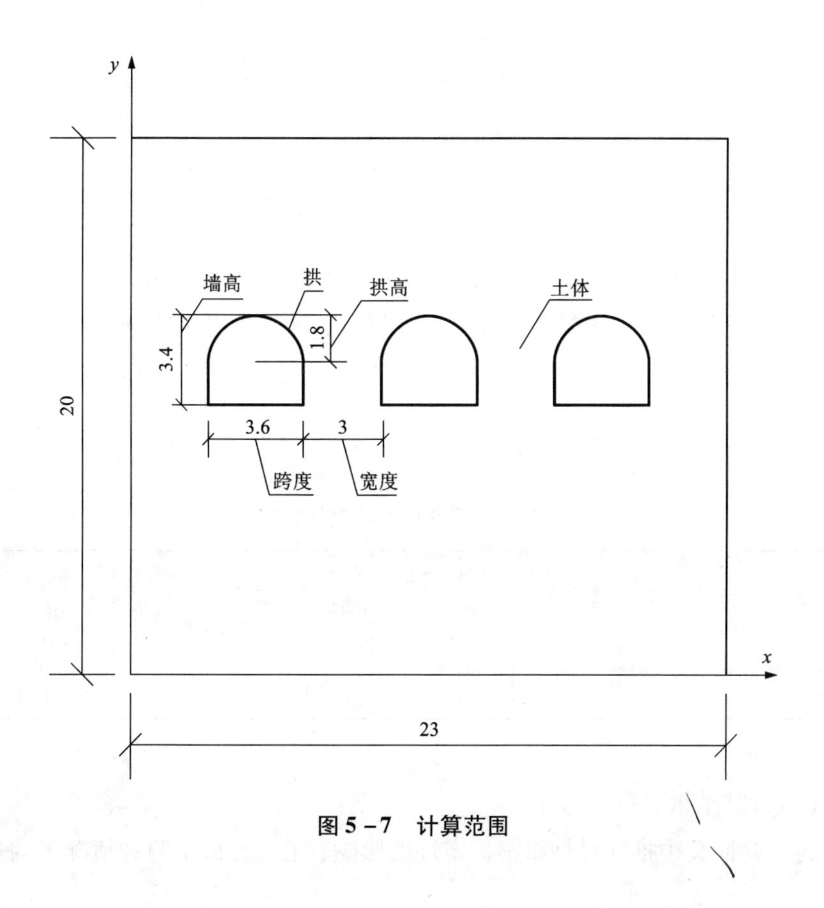

图5－7　计算范围

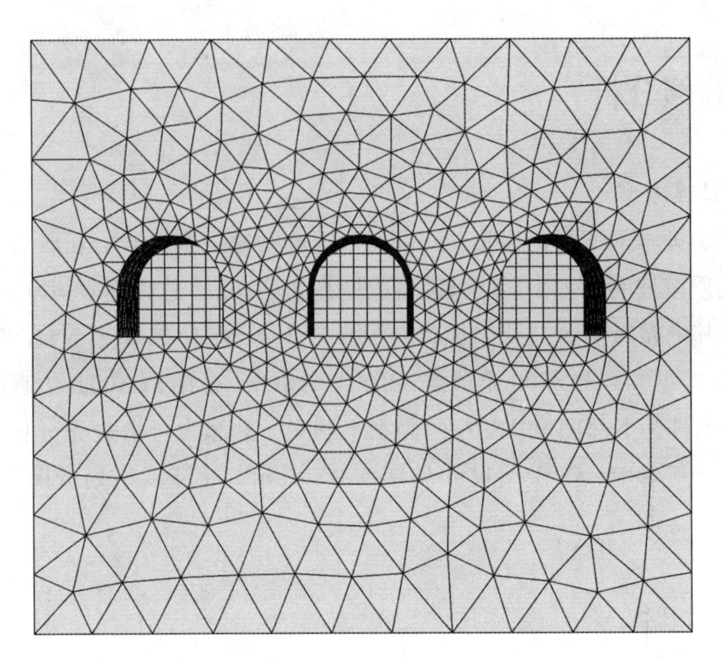

图 5-8 网格划分

(2)计算参数

蠕变模型的有效性和合理性与土体介质力学参数选取的精确与否有很大的关系，蠕变固结是一个很复杂的土体变形过程，这就更要求所选取的蠕变力学参数要有代表性，这是保证计算有效的重要条件，文中土体的力学参数见表5-1。

表 5-1 蠕变计算的力学参数

	天然容重 /(kN·m^{-3})	饱和度 /%	变形模量 E_1，E_2 /MPa	泊松比	黏聚力 /kPa	内摩擦角 /(°)	黏滞系数 η_1，η_2 /(MPa·m)
窑洞黄土	18.5	12	26，15	0.32	45	22	6100，1220

(3)计算结果分析

为了验证文中推导对靠崖窑稳定性的影响，主要分析了两种情况下的塑性区分布，即不考虑土体蠕变固结对靠崖窑的影响和考虑土体蠕变固结对靠崖窑的影响。通过对开挖窑洞周围土体塑性区的分布特征和窑洞顶部中心点位的垂直位移跟踪计算，来分析靠崖窑在以上两种条件下计算结果的差异性。计算结果见图5－9和图5－10。

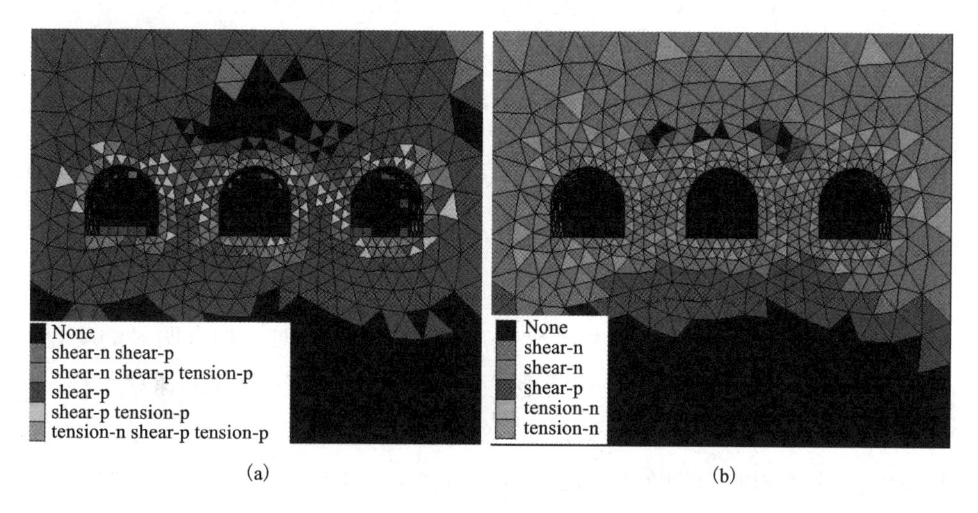

图5－9　塑性区的分布

(a)不考虑蠕变固结的影响；(b)考虑蠕变固结的影响

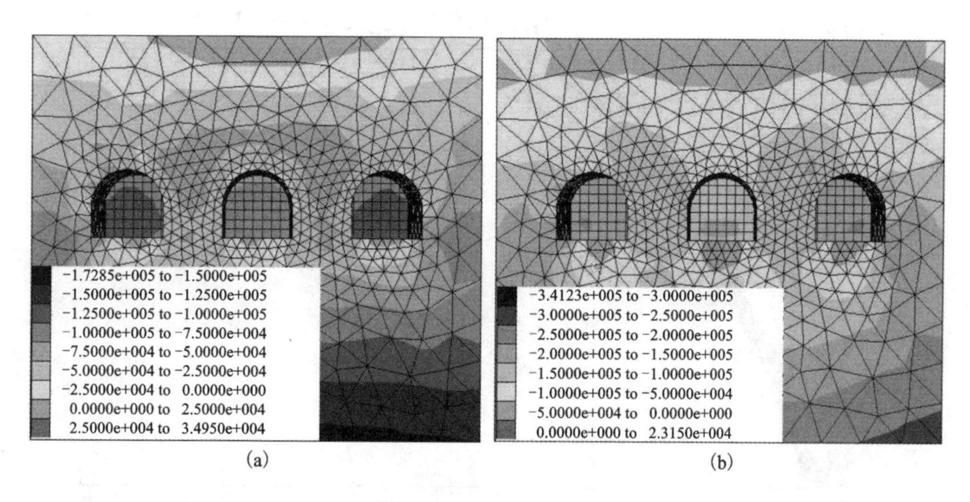

图5－10　主应力分布

(a)最大主应力；(b)最小主应力

从图 5－9 中可以明显地看出，该靠崖窑的塑性区主要为拉伸和剪切塑性区，在不考虑土体蠕变固结的影响，窑洞结构没有出现贯通的塑性区，窑洞是稳定的；在考虑了土体蠕变固结影响后，窑洞已呈现出大量的剪切和拉伸塑性区，主要集中在窑洞拱曲线、窑腿周围土体和上覆土层的局部区域，并向上延伸到地表，窑洞土体主要表现为剪切破坏，这是窑洞加固防范的重点区域。

从图 5－10 中可以明显地看出，主应力分布主要为压应力，最大压应力为 0.35 MPa，主要分布在计算模型的底部，在窑室拱曲线、窑室上覆土层和窑室底部局部范围出现了拉应力，其值为 25 kPa，这是重点防范的地方。

为了便于比较分析，文中针对四种计算条件对窑洞顶部中心点的垂直位移变化进行了跟踪，即瞬时情况下的垂直位移计算；蠕变条件下的位移计算；固结条件下的位移计算和蠕变固结条件下的位移计算，结果曲线见图 5－11。从图 5－11 中可以看到，除瞬时计算外该点的垂直位移随时间均有明显的变化，且随着时间的延续，变形也在不断地发展，在开挖初始阶段变形速率很快，5 个月后位移变化减缓，其中固结条件下的垂直位移最小，蠕变固结条件下的位移最大，1 年后其值分别在 1.1 cm 左右和 1.4 cm，后者还存在增长的趋势，这充分说明了蠕变固结影响在工程建设过程中不能被忽略。

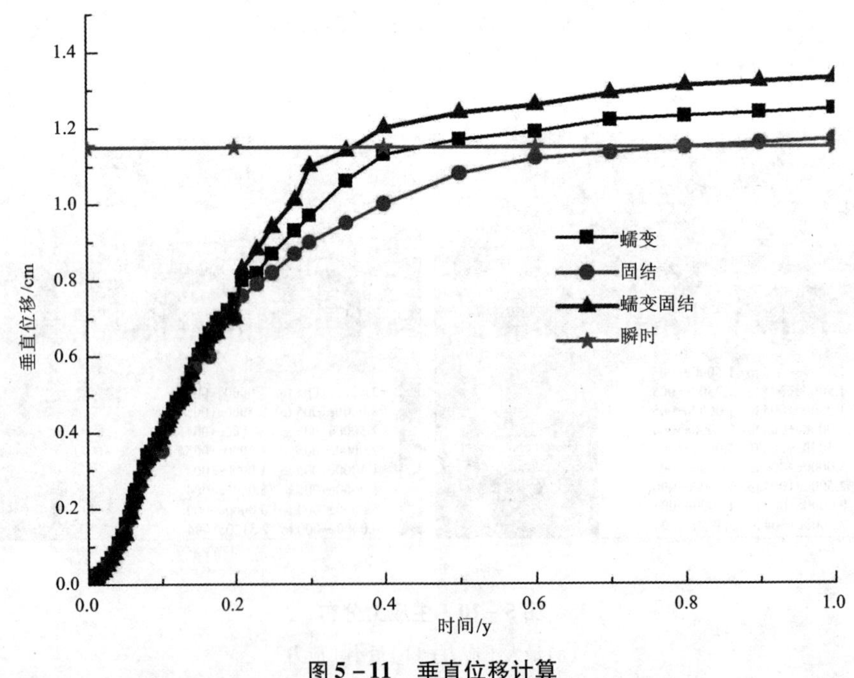

图 5－11 垂直位移计算

5.6　小结

(1)依据靠崖窑土体的变形特点，建立改进的Burgers非线性蠕变模型，能够完全描述土体材料的瞬弹、塑性、黏性和黏弹性共存的变形性质，能够反映蠕变的全过程，即衰减蠕变、稳定蠕变和加速蠕变。

(2)根据数理统计极值Ⅲ型Weibull分布特征，建立了适应靠崖窑土体蠕变变形的非线性黏滞系数的表达式和蠕变方程及辛甫生数值积分求解的过程式。

(3)根据Terzaghi一维固结理论，结合改进的Burgers非线性蠕变模型，提出了饱和状态下靠崖窑土体的蠕变固结方程式，并给出了差分格式。

(4)通过算例分析，靠崖窑的塑性区主要为拉伸和剪切塑性区，在土体蠕变固结效应下，窑洞出现大量的拉伸和剪切塑性区，主要集中在窑洞拱曲线、窑腿周围土体和上覆土层的局部区域，并向上延伸到地表，且窑洞土体主要表现为剪切破坏。

第 6 章 渗流条件下窑体加固结构的时效稳定性分析

6.1 引言

生土靠崖窑土体工程的研究类似含地下洞室土质边坡的特点，其稳定性受内外因素的干扰比较敏感，如强降雨、开挖扰动、疲劳荷载、爆破震动、风荷载、温度等外部因素和土体材料的蠕变、断裂、冻胀、湿陷等内部因素的综合影响，同时土体节理裂隙的结构性特征也对其影响也比较大，主要破坏类型有：窑脸剥落和碎落、窑顶局部滑塌、窑洞整体滑塌、窑洞裂缝、洞内土层剥落、窑内渗水和窑洞冒顶等形式，因此寻找合适有效的加固措施是非常必要的。

6.2 靠崖窑加固技术

6.2.1 裂缝控制

从现场调查资料显示，靠崖窑的裂缝主要有横向裂缝、纵向裂缝和纵横向裂缝，很多人认为窑洞的破坏受裂缝的影响最大，因此现有窑洞的加固也主要集中在裂缝控制的技术上，通常采用“抗”、“放”和“抗放”的原则，其中加固范围主要分布在拱圈和窑室内部局部范围，通常采用的加固材料有土坯和木柱，少量的高强度预应力钢筋和高强混凝土结构，以及课题组最近新研究出来的腰嵌梁体系加固技术，即由腰嵌梁部分、平拉筋和锚固系统三部分组成，该系统已在现有破坏的靠崖窑中得到了有效的应用[188]。

尽管现有靠崖窑的加固技术得到了发展，但大都是基于裂缝控制原则得出来的加固措施，主要在裂缝即将出现或裂缝出现后采取被动的加固措施来控制裂缝的进一步扩展，而很少有人去考虑土体材料本身固有的力学属性对加固结构的影响，如土体强度的弱化规律、裂缝的扩展规律、塑性变形的规律、塑性区的分布特征等特性对其影响。因此基于裂缝控制原则的被动加固技术有缺陷性，一旦加固系统破坏，则是窑洞整体性的破坏，其后果是灾难性的。

6.2.2　靠崖窑土体结构主动加固技术的研究

土体结构物的强度、变形及其稳定性会受到土体固有力学属性的影响，在土体结构物的加固措施中不可忽略，其中在生土靠崖窑加固过程中应考虑到上述因素的影响采取主动积极的加固措施来减少灾害的发生。

针对含地下洞室土质边坡稳定性和工程加固的特点，常用的主动加固技术有锚固系统、复合土钉结构和混凝土格梁等方案，其中预应力锚杆柔性支护作为一种先进技术已被应用于土体工程，并且得到了很好的效果[189~196]。为此笔者结合全锚固短锚杆柔性支护技术的特点，将其应用到靠崖窑土体结构的加固措施中，对降雨和土体蠕变效应下的靠崖窑主动加固技术进行研究。

短锚杆柔性支护是由短锚杆(一般在5 m以内)、钢筋网、喷射混凝土的薄面层、锚杆支座组成，与窑洞土体形成整体结构[197, 198]，该加固系统能充分发挥加固土体与支护系统的相互作用，促进靠崖窑的稳定性，其典型断面见图6-1。

在全锚固短锚杆柔性支护系统中，锚杆长度的选取很关键，一定要深入到土体塑性区外面的稳定土层中，这样加固才有效；钢筋网要紧贴窑洞顶部拱体，把锚固区域连成整体，还能阻止松散土体的掉落；薄面层采用轻质混凝土以减轻土拱支撑荷载，保护钢筋网；支座是防止锚头局部范围应力集中。该锚固系统与隧道的锚喷支护、边坡格子梁的锚固系统、基坑工程中的预应力锚杆柔性支护等锚固系统有区别。

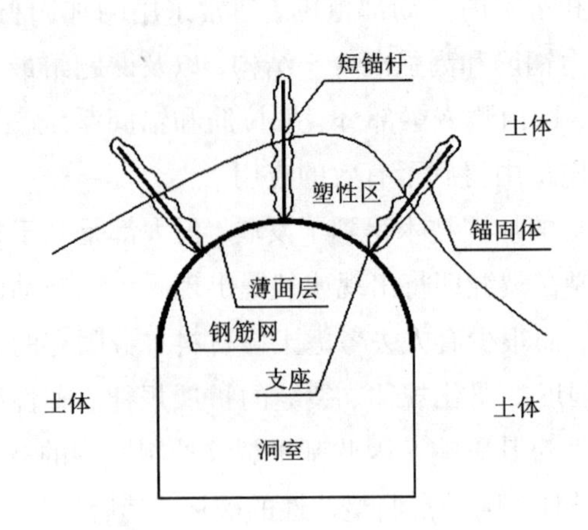

图 6-1 全锚固短锚杆柔性支护

针对靠崖窑主要的三种裂缝类型，即纵向裂缝、横向裂缝和纵横向裂缝，全锚固短锚杆柔性支护都能对其进行有效地控制，裂缝的产生、扩展和贯通与塑性区的应力、应变状态关系很大，通过锚杆承载作用可以改善塑性区内土体应力的分布，减少土拱的荷载和应力集中；通过钢筋网和薄面层可以阻止土拱的位移发展和位移集中分布，因此只要土拱的塑性区范围得到了控制，窑洞就会处于稳定状态。

通过前面几章的数值计算算例可以得到，靠崖窑的塑性区主要分布在窑洞拱曲线、窑腿周围土体、上覆土层和拱间土体的局部区域，因此在全锚固短锚杆柔性支护中，要考虑上述范围的影响。根据太沙基地压学说，可以得到拱曲线的顶压集度 q[199]

$$q=\frac{r\gamma-c}{\lambda\tan\varphi}\left(1-e^{\frac{-Z\lambda\tan\varphi}{r}}\right) \tag{6-1}$$

式中：λ 为侧压力系数；φ 为土体的内摩擦角；c 为土体的黏聚力；为 Z 洞顶的深度；γ 为容重；Z 为深度变量；r 为圆曲线半径。

根据锚杆加固悬吊作用，在不考虑降雨渗流和蠕变效应的影响，拱曲线的顶压集度和土体自重由锚杆和土拱自撑结构共同承担，为考虑到设计的安全性，不计土拱自撑效应，以上荷载即为锚杆承受的荷载值。

6.3　渗流蠕变效应对靠崖窑加固结构影响

6.3.1　降雨渗流对加固系统的影响

降雨渗流会增加土体的自重、土体强度受到弱化、在渗透过程中还会产生动水压力等不利于土体稳定的力学作用，对全锚固短锚杆柔性支护产生重要的影响，此时锚杆的荷载值为 T_{flow}

$$T_{\text{flow}} = q' + G_{\text{D}} + \gamma_{\text{sat}} Z \tag{6-2}$$

其中

$$q' = \frac{r\gamma_{\text{sat}} - c'}{\lambda \tan\varphi'}\left(1 - e^{\frac{-Z\lambda\tan\varphi'}{r}}\right)$$

$$G_{\text{D}} = \gamma_{\text{w}} \frac{\partial H}{\partial Z}$$

式中：q'为拱曲线的顶压集度；G_{D} 为动水压力；γ_{sat}为饱和土的容重；φ'为土体的有效内摩擦角；c'为土体的有效粘聚力；H 为水头。

6.3.2　蠕变效应对加固系统的影响

蠕变是土体材料固有的力学属性，对全锚固短锚杆柔性支护也会产生影响，在这里不考虑锚固体的蠕变效应，主要是对黏聚力和内摩擦角产生影响，此时锚杆的荷载值为 T_{creep}

$$T_{\text{creep}} = \frac{r\gamma - c(t)}{\lambda \tan\varphi(t)}\left(1 - e^{\frac{-Z\lambda\tan\varphi}{r}}\right) \tag{6-3}$$

式中：$\varphi(t)$ 和 $c(t)$ 是与时间有关的抗剪强度指标值。

根据 Burgers 的本构方程为

$$\sigma + \left(\frac{\eta_2}{E_1} + \frac{\eta_1 + \eta_2}{E_2}\right)\dot{\sigma} + \frac{\eta_1\eta_2}{E_1E_2}\ddot{\sigma} = \eta_2\dot{\varepsilon} + \frac{\eta_1\eta_2}{E_1}\ddot{\varepsilon} \tag{6-4}$$

用 D 表示微分算子，即 $D = \frac{\partial}{\partial t}$，将方程式(6-4)写成 $f(D)\sigma = G(D)\varepsilon$，则

$$f(D)=1+\left(\frac{\eta_2}{E_1}+\frac{\eta_1+\eta_2}{E_2}\right)D+\frac{\eta_1\eta_2}{E_1E_2}D^2 \tag{6-5}$$

$$g(D)=\eta_2 D+\frac{\eta_1\eta_2}{E_1}D^2 \tag{6-6}$$

经 Laplace 变换，有

$$f(p)=1+\left(\frac{\eta_2}{E_1}+\frac{\eta_1+\eta_2}{E_2}\right)p+\frac{\eta_1\eta_2}{E_1E_2}p^2 \tag{6-7}$$

$$g(p)=\eta_2 p+\frac{\eta_1\eta_2}{E_1}p^2 \tag{6-8}$$

根据半圆拱窑洞土拱曲线轴对称特点，在洞顶周边得到弹性位移为

$$u=\frac{1+v}{E}qR=\frac{qR}{2G} \tag{6-9}$$

对式(6－9)进行 Laplace 变换，并以 q/p 代 q，以 $g(p)/f(p)$ 代 G，得

$$\begin{aligned}\tilde{u}&=\frac{qR\left[1+\left(\frac{\eta_2}{E_1}+\frac{\eta_1+\eta_2}{E_2}\right)p+\frac{\eta_1\eta_2}{E_1E_2}p^2\right]}{2p\left(\eta_2 p+\frac{\eta_1\eta_2}{E_1}p^2\right)}\\&=\frac{qR}{2p\left(\eta_2 p+\frac{\eta_1\eta_2}{E_1}p^2\right)}+\frac{qR\eta_2}{2E_1\left(\eta_2 p+\frac{\eta_1\eta_2}{E_1}p^2\right)}\\&\quad+\frac{qR\eta_1\eta_2}{2E_2\left(\eta_2 p+\frac{\eta_1\eta_2}{E_1}p^2\right)}+\frac{qR\eta_1\eta_2}{2E_1E_2\left(\eta_2+\frac{\eta_1\eta_2}{E_1}p\right)}\\&=\frac{1/2qR}{p^2}\cdot\frac{E_1/\eta_1\eta_2}{p+\frac{E_1}{\eta_1}}+\frac{qR}{2E_1}\cdot\frac{1}{P}\cdot\frac{E_1/\eta_1}{p+\frac{E_1}{\eta_1}}\\&\quad+\frac{qR\eta_1\eta_2}{2E_2\eta_2}\cdot\frac{1}{P}\cdot\frac{E_1/\eta_1\eta_2}{p+\frac{E_1}{\eta_1\eta_2}}+\frac{qR\eta_1\eta_2}{2E_1E_2}\cdot\frac{E_1/\eta_1\eta_2}{p+\frac{E_1}{\eta_1}}\end{aligned} \tag{6-10}$$

再进行 Laplace 逆变换，得到位移

$$\begin{aligned}u(t)&=\frac{qRt}{2}\cdot\frac{E_1\mathrm{e}^{-\frac{E_1}{\eta_1}t}}{\eta_1\eta_2}+\frac{qR}{2E_1}\cdot\frac{E_1\mathrm{e}^{-\frac{E_1}{\eta_1}t}}{\eta_1}\\&\quad+\frac{qR\eta_1\eta_2}{2E_2\eta_2}\cdot\frac{E_1\mathrm{e}^{-\frac{E_1}{\eta_1\eta_2}}}{\eta_1\eta_2}+\frac{qR\eta_1\eta_2}{2E_1E_2}\cdot\frac{E_1\mathrm{e}^{-\frac{E_1}{\eta_1}}}{\eta_1\eta_2}\end{aligned} \tag{6-11}$$

根据式(6－11)可以得到顶压集度

$$q=\frac{u(t)}{\frac{Rt}{2}\cdot\frac{E_1 e^{-\frac{E_1}{\eta_1}t}}{\eta_1\eta_2}+\frac{R}{2E_1}\cdot\frac{E_1 e^{-\frac{E_1}{\eta_1}t}}{\eta_1}+\frac{R\eta_1\eta_2}{2E_2\eta_2}\cdot\frac{E_1 e^{-\frac{E_1}{\eta_1\eta_2}}}{\eta_1\eta_2}+\frac{R\eta_1\eta_2}{2E_1E_2}\cdot\frac{E_1 e^{-\frac{E_1}{\eta_1}}}{\eta_1\eta_2}} \tag{6－12}$$

此时锚杆的荷载值为 T_{creep}

$$T_{creep}=\frac{u(t)}{\frac{Rt}{2}\cdot\frac{E_1 e^{-\frac{E_1}{\eta_1}t}}{\eta_1\eta_2}+\frac{R}{2E_1}\cdot\frac{E_1 e^{-\frac{E_1}{\eta_1}t}}{\eta_1}+\frac{R\eta_1\eta_2}{2E_2\eta_2}\cdot\frac{E_1 e^{-\frac{E_1}{\eta_1\eta_2}}}{\eta_1\eta_2}+\frac{R\eta_1\eta_2}{2E_1E_2}\cdot\frac{E_1 e^{-\frac{E_1}{\eta_1}}}{\eta_1\eta_2}} \tag{6－13}$$

通过式(6－13)可以看出只要知道了位移，我们就能够得出锚杆的荷载值。

6.3.3　算例分析

为了研究降雨蠕变对靠崖窑加固结构的影响，笔者运用功能强大的有限差分数值软件 FLAC3D 和内嵌的 FISH 语言及计算机高级程序语言 VC＋＋，又为了跟前面的算例形成对比，仍采用原先的对半圆拱靠崖窑的算例进行分析计算，具体实施过程如下。

6.3.3.1　计算模型

数值模拟处理问题通常是在有限的研究区域内进行离散化，为了这种离散化不产生较大的误差和满足数值模拟精度要求，必须取得足够大的研究范围。根据台梯型五孔一列半圆拱靠崖窑的分布情况，计算区域总高度 $H=20$ m，窑室进深 $L=6$ m，计算区域总宽度 $B=23$ m，靠崖窑土体的结构尺寸见图 6－2 示。土体计算模型采用有限差分单元，共划分 25791 个节点，8769 个单元，锚杆计算模型划分为 36 结构单元，54 个节点，见图 6－3 所示。应力边界条件为下部固定，左右两侧水平约束，上部为自由边界；渗流边界条件为计算区域的边壁都为透水边界。

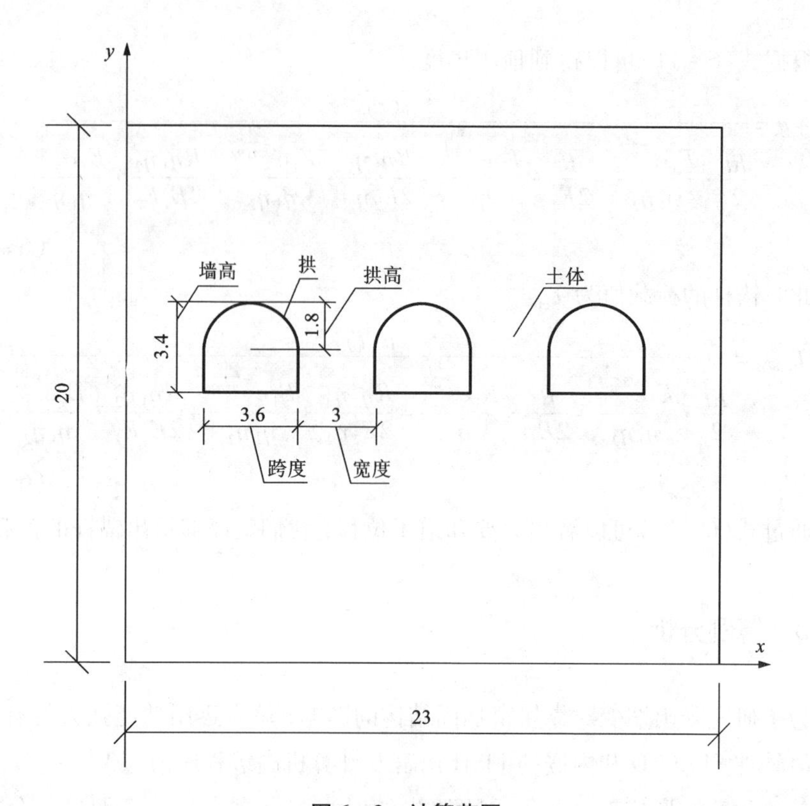

图 6-2　计算范围

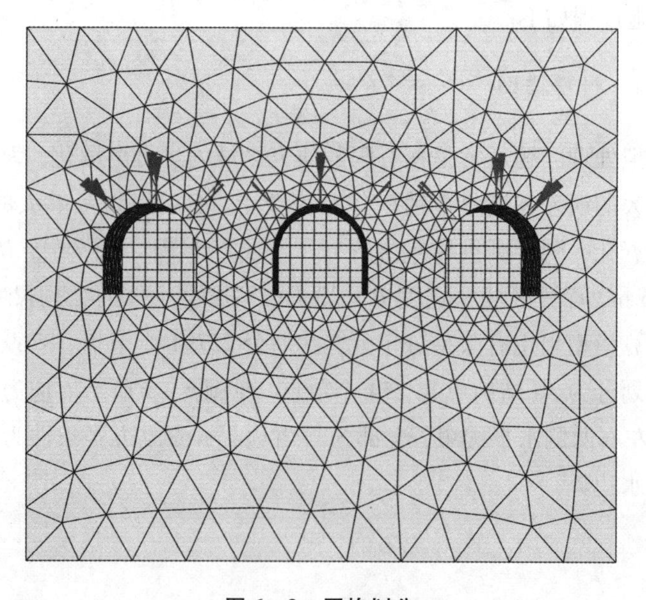

图 6-3　网格划分

6.3.3.2 计算参数

数值模拟计算的有效性与土体介质力学参数选取的精确与否有很大的关系，降雨渗流是一个很复杂的过程，这就更要求所选取的力学参数更要有代表性，这是保证计算有效的重要条件，文中土体的力学参数见表6－1，锚杆参数见表6－2。

表6－1 计算力学参数

	天然容重 /(kN·m^{-3})	饱和度 /%	变形模量 E_1，E_2 /MPa	泊松比	黏聚力 /kPa	内摩擦角 /(°)	黏滞系数 η_1，η_2 /(MPa·m)
窑洞黄土	18.5	20	26，15	0.35	40	22	6100，1220

表6－2 锚杆参数

锚杆长度/m	间距/m×m	锚杆钢筋类型	直径/mm	浆体材料	面层材料
2	2×2	HRB335	22	M15	C20

6.3.3.3 计算结果分析

为了验证全长锚固柔性支护系统对靠崖窑加固的合理性和有效性的影响，主要分析了两种情况下的位移和塑性区分布。通过对开挖窑洞周围土体塑性区的分布特征和窑洞顶部中心点位的垂直位移跟踪计算，来分析全长锚固柔性支护系统的有效性。计算结果见图6－4～图6－6。

从图6－4垂直位移的计算结果可以看出，窑洞的垂直位移主要表现为指向下的负位移，当窑洞在受到全长锚固柔性支护以后，两年时间内其位移最大值为2.5 cm左右，在支护初期垂直位移变化很快，随着时间的延续，支护结构得到逐渐发挥时，位移变化减缓，且最大位移也只是分布在洞顶局部小范围，看来全长锚固柔性支护对加固靠崖窑稳定性的效果是很明显的。

从图6－5剪应变率的计算结果可以看出，当靠崖窑经过锚杆柔性加固后，窑洞土体结构的剪应变率最大值仅有1.75×10^{-5}，主要分布在窑洞拱曲线、侧墙和窑腿范围，最小剪应变率为2.1×10^{-7}，主要分布在未受影响的土体中，加

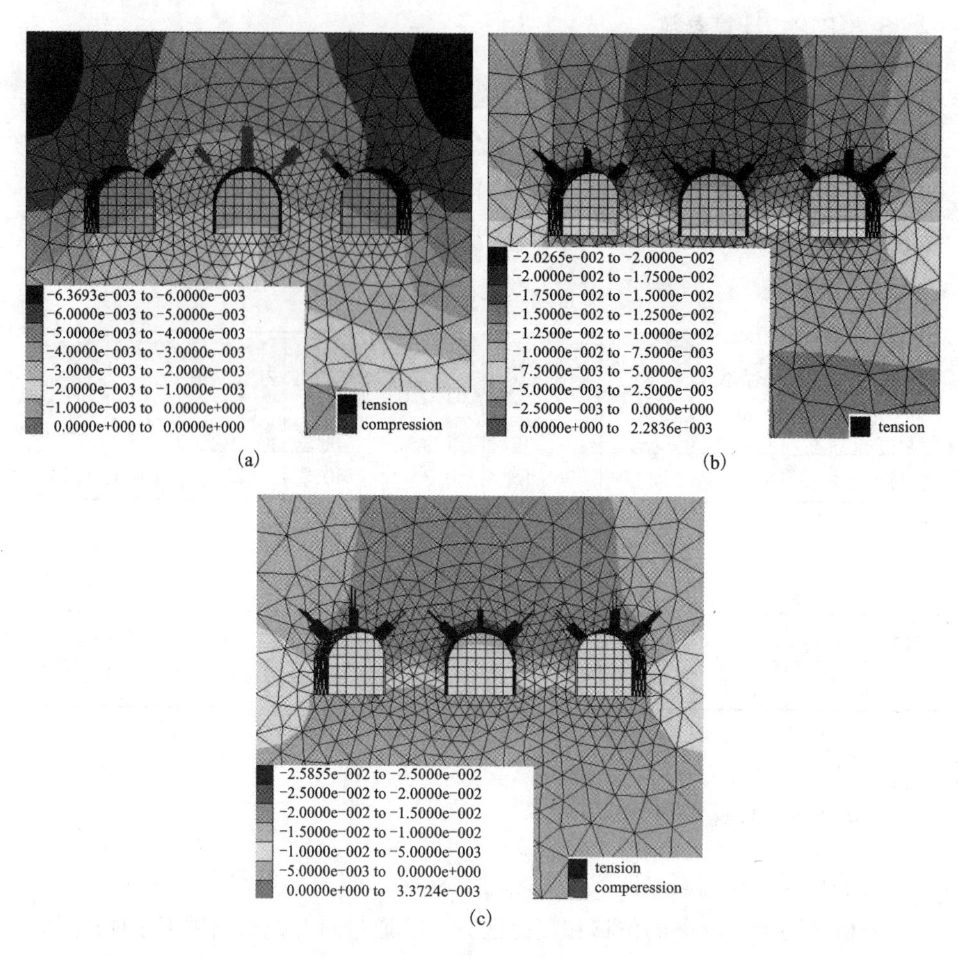

图 6-4 垂直位移分布

(a)5 个月；(b)1 年；(c)2 年

固效果好。

从图 6-6 塑性区分布的计算结果可以看出，该窑洞在受到全长锚固柔性支护以后，靠崖窑的破坏主要表现为拉伸破坏和剪切破坏，没有出现贯通的塑性区，其塑性区都在锚杆加固范围以内，主要分布在拱间土局部范围，加固效果很明显。

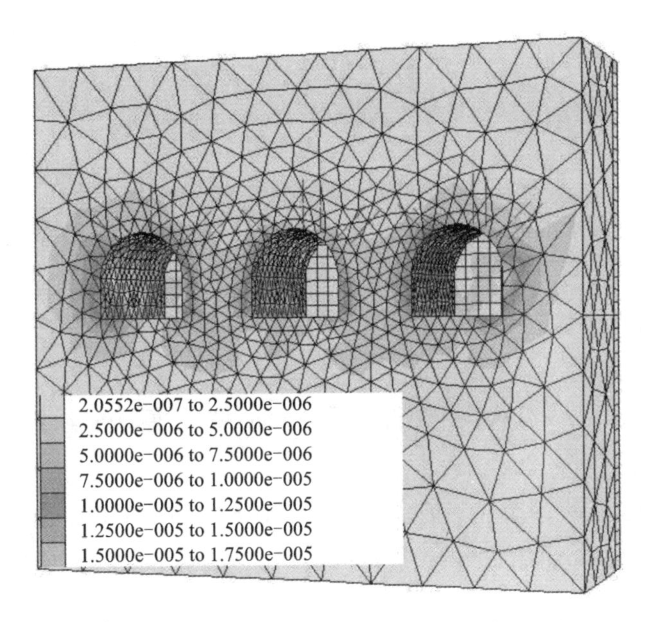

图 6-5　剪应变率

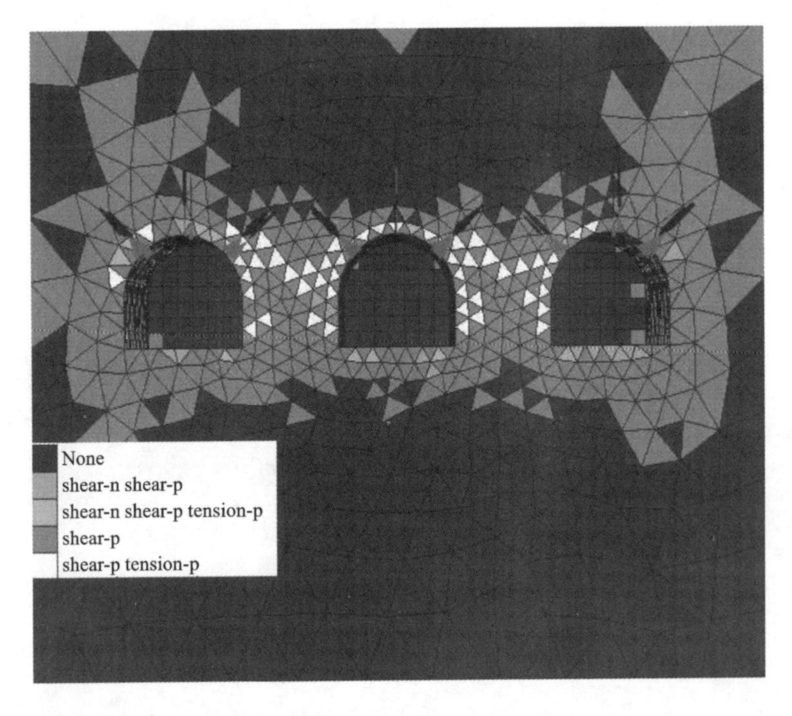

图 6-6　塑性区分布

6.5 小结

(1)根据主动加固技术的特点，提出了全长锚固柔性支护系统在窑洞工程中的应用。

(2)根据太沙基地压学说中的拱曲线的顶压集度，得到了降雨渗流条件下的锚固荷载计算式。

(3)通过 Laplace 变换技术，得到了 Burgers 蠕变模型的位移表达式和锚固荷载的计算式。

(4)结合全长锚固柔性支护系统在靠崖窑加固的算例，经过该系统加固后靠崖窑的垂直位移和塑性区的扩展范围得到了明显的控制，表明该加固效果是合理的，有效的。

第7章
结论与展望

7.1　结论

靠崖窑构筑物是典型的土体工程，赋存于一定的地质环境中，客观地受到土体材料本身的物理力学特性和外界环境因素的影响，同时窑洞作为一种节能居所，已经被建筑科技工作者作为典型的节能建筑所重视和推崇，这已成为一个热点问题。本文是在国家“十一五”科技支撑计划课题(2006BAJ04A02)下，在豫西北地区已开展了大量窑洞的现场调查和统计分析，并重点针对生土靠崖窑的破坏原因与特征、结构性黄土的力学特性进行了窑洞土体的破坏统计分析，采用理论推导、实例验证，运用结构力学、渗流力学、弹塑性力学、蠕变力学、断裂力学、数理统计、智能算法和大型适用的有限差分软件 FLAC3D 及计算机高级语言 VC + +，针对靠崖窑变形和破坏的特点，分别进行了窑体结构稳定性和加固的研究。通过开展上述研究，其主要研究成果如下：

(1)结合土的弹塑性力学理论，利用塑性极限分析近似方法，得出了 Mohr - Coulomb 屈服条件下靠崖窑土质崖坡极限荷载的上、下限解。

(2)运用有限差分数值分析技术，通过算例计算得出半圆拱窑洞结构中，在洞顶上覆土体的自重、洞顶荷载、侧墙的土压力和沿洞室轴线的土压力作用下，靠崖窑窑洞土体的垂直位移和水平位移的分布主要集中在拱曲线和侧墙土体的周围，在拱顶上覆土层、拱间土体和窑腿下部的位移均较小，且垂直位移比水平位移变化要大。

(3)建立了靠崖窑优势垂直节理裂隙土体的翼形裂纹和共线裂纹模型，得出了翼形裂纹折算长度的计算式和应力强度因子的计算式，所得结果与 Nimat - Nasser 裂纹模型结果的误差在 10% 以内，同时还推导求解得出了含洞室共线裂纹的应力强度因子计算式。

(4)根据现场调研和数理统计理论，总结出了靠崖窑的破坏类型，并发现纵向裂缝的存在与拱宽比和拱跨比成正态分布；横向裂缝的存在与拱厚比、拱宽比和拱跨比成指数分布。说明了窑室的尺寸效应对其裂缝的形成和靠崖窑的稳定性有重要的影响。

(5)运用一次二阶矩法和独立正态随机变量可靠度计算方法(JC 法)得出了尺寸效应单失效模式下的靠崖窑的可靠度指标。统计结果显示：当拱宽比 gtk 在 0.9 ~ 1.5 时或拱跨比 gk 在 0.85 ~ 1.15 时，窑洞出现纵向裂缝的破坏概率很大；当拱厚比 gh 在 0.58 ~ 1.0，或拱跨比 gk 在 0.83 ~ 1.35，或拱宽 gtk 比在 1.18 ~ 2.08 时，窑洞出现横向裂缝的破坏概率很大。

(6)通过遗传全局最优化算法对靠崖窑结构尺寸效应进行了优化选型，计算结果与破坏概率的分析结果较吻合，充分说明窑室结构尺寸效应对靠崖窑裂缝的产生和其稳定性有重要的影响。

(7)根据太沙基有效应力原理描述了均质、连续、多孔土体的饱和与非饱和非稳定渗流方程，通过靠崖窑黄土体竖向节理裂隙发育的特点，得到了非饱和土的渗流方程。同时还基于 VG 渗流模型和靠崖窑土体裂隙的结构性提出了适用于靠崖窑土体非饱和状态的土水特征曲线和控制方程及差分形式。

(8)根据靠崖窑土体竖向优势节理裂隙的分布特点，结合 Irwin 塑性区裂隙顶端的张开位移公式，引入裂隙顶端张开位移相比系数 ξ，得出了降雨渗流作用下受压剪土体裂隙尖端的应力强度因子计算式，还得到了降雨渗流作用下裂隙产生扩展破坏和剪切断裂破坏时，裂隙内的临界渗透压值的计算式。

(9)结合台梯五孔一列靠崖窑的算例，进行了应力场 - 渗流场耦合的有限差分数值模拟计算，通过孔隙水压力、垂直位移和塑性区的结果表明，在降雨渗流条件下，加强下台梯窑洞的稳定性是最关键的结论。

(10)根据数理统计极值Ⅲ型 Weibull 分布特征，建立了适应靠崖窑土体蠕变变形的非线性黏滞系数的表达式和蠕变方程及辛甫生数值积分求解的过程式。

(11)通过算例分析，靠崖窑的塑性区主要为拉伸和剪切塑性区，在土体蠕变固结效应下，窑洞出现大量的剪切和拉伸塑性区，主要集中在窑洞拱曲线、窑腿周围土体和上覆土层的局部区域，并向上延伸到地表，且窑洞土体主要表现为剪切破坏。

(12)通过 Laplace 变换技术，得到了 Burgers 蠕变模型的位移表达式和锚固荷载的计算式。

(13)结合全长锚固柔性支护系统在靠崖窑加固的算例，经过该系统加固后靠崖窑的垂直位移和塑性区的扩展范围得到了明显的控制，表明该加固效果是合理的，有效的。

7.2　展望

本文针对靠崖窑土体结构的稳定性和工程加固开展了研究工作，对该类工程的研究理论和方法，目前国内的系统研究成果还很少，由于窑洞土体材料在本身物理力学特性和分析理论的多样性、复杂性、不确定性等因素，使得理论研究和工程应用还有很多问题亟待解决。本文结合窑洞土体材料固有力学特性在靠崖窑稳定性理论和加固应用方面做了一些研究，虽然取得了一些研究成果，但还有许多问题需要今后进一步研究和探索：

(1)要准确获得靠崖窑裂缝类型的分布特征和单失效模式(尺寸效应)的可靠性分析，多方位的现场调查，数据处理是很关键的，尤其是窑洞土体的变形和土体的力学物理力学参数的实验监测必须加强。

(2)复杂渗流场和应力场共同作用下窑洞裂隙土体的断裂特性以及在垂直优势裂隙顶端塑性区内进行复杂荷载条件下应力强度因子的求解还有待于进一步研究。

(3)非饱和降雨渗流作用下的渗流场－应力场－断裂－蠕变耦合理论和数值模拟的二次开发技术需要进一步研究。

(4)靠崖窑土体的破坏特征有别于一般的地下坑道工程和土质边坡工程，如何寻找有效的、合理的、经济的和安全的加固措施有待于进一步研究。

参考文献

[1] 童丽萍，张晓萍. 生土窑居的存在价值探讨[J]. 建筑科学，2007，23(12)：7－9.

[2] 石磊，王军，李兆东. 窑洞拱顶稳态导热的数值研究[J]. 节能技术，2002，20(115)：9－11.

[3] 姬栋宇. 一种绿色建筑的破坏形式和维护方法[J]. 城市发展研究，2010(3)：299－303.

[4] 刘静. 豫西窑洞民居研究[D]. 长沙：湖南大学，2008.

[5] 姬栋宇. 生土窑洞结构体系的力学特征及其影响分析[J]. 城市发展研究，2010(3)：46－49.

[6] 曹源，童丽萍，赵自东. 传统地坑窑居水循环系统的研究[J]. 郑州大学学报(自然科学版)，2009，4(3)：85－88.

[7] 童丽萍，韩翠萍. 黄土材料和黄土窑洞构造[J]. 施工技术，2008，37(2)：107－108.

[8] 刘小军，王铁行，韩永强，赵彦峰. 黄土窑洞病害调查及分析[J]. 地下空间与工程学报，2007，3(6)：996－999.

[9] 卫峰，马瑞生，张有仁. 土窑洞抗震性能探讨[J]. 工程抗震，1993(1)：43－46.

[10] 陈国兴，张克绪，谢君斐. 黄土崖窑洞抗震性能分析[J]. 哈尔滨建筑工程学院学报，1995，28(1)：15－21.

[11] 童丽萍，韩翠萍. 黄土窑居自支撑结构体系的研究[J]. 四川建筑科学研究，2009，35(2)：71－73.

[12] 张玉香，田兴云. 窑洞破坏的原因及其防治措施[J]. 西北农林科技大学学报(自然科学版)，2004，32(3)：145－149.

[13] 吴成基，甘枝茂，孟彩萍. 陕北黄土丘陵区窑洞稳定性分析[J]. 陕西师范大学学报(自然科学版)，2005，33(3)：119－122.

[14] 陈子荫. 围岩力学分析中的解析方法[M]. 煤炭工业出版社，1994.

[15] 陈祖煜. 土质边坡稳定分析[M]. 北京: 中国水利水电出版社, 2003.

[16] 钱家欢, 殷宗泽. 土工计算原理[M]. 第2版. 北京: 中国水利水电出版社, 1996.

[17] Fredlund D G, Scoular R E G. Using Limited Equilibrium Concepts in Finite Element Slope Stability Analysis[M]. Slope Stability Engineering, Yagi, Yamanami & Jiang. Rotterdam: Balkema, 1999.

[18] S. Le roued. Natural slopes and cuts – movement and failure mechanisms[J]. Geotechnique, 2001, 51(3): 197 – 243.

[19] Low B. K. and Wilson H. T. Probabilistic slope analysis using Janbu's Generalized Procedure of slices[J]. Computers and Geotechnics, 1997, 21(2): 121 – 142.

[20] 朱大勇, 钱七虎. 三维边坡严格与准严格极限平衡法解答及工程应用[J]. 岩石力学与工程学报, 2007, 26(8): 1513 – 1528.

[21] Wanwen, Caoping, Fengtao. Elasto – plastic limit equilibrium analysis for a complex rock slope[J]. International Journal of Rock Mechanics and Mining Science, 2004, 41(3): 468 – 472.

[22] Zhang she – rong, Li Sheng, Peng Min – rui. Finite Element Analysis of Ice Thermal Expansive Pressure Acting on Aqueduct Structure[J]. Journal of Tianjin University(Science and Technology), 2008(9): 1096 – 1102.

[23] Gen – hua Shi. Numerical manifold method[C]. The second international conference on analysis of discontinuous deformation. Kyoto University, Japan, 1997: 1 – 34.

[24] Gen – hua Shi, R ichard E . G oodman. Generalization of two – dimensional discontinuous deformation analysis for forward modelling[J]. International Journal for Numerica land Analytical Methods in Geomechanics, 1989(13): 359 – 380.

[25] Gussmann P. Application of the kinematical element method to collapse – problem of earth structures[C]. In: Vermeer P A ed. Proc. Deformation and Failure of Granular Materials. Delft: A. A. Balkema, 1982.

[26] Rafael Ballesteros – Tajadura, Carlos Santolaria – Morros, Eduardo Blanco – Marigorta. Influence of the slope in the ventilation semi – transversal system of an urban tunnel[J]. Tunnelling and Underground Space Technology, 2006(21): 21 – 28.

[27] Sabhabit, N. A generalized procedure for the optimum design of nailed soil slopes[J]. N. Sabhahit, P. K. Basudhar & M. R. Madhav, International Journal for Numerical & Analytical Methods in Geomechanics, 1995, 19(6): 437 – 452

[28] Matsui T, San K C. Finite element slope stability analysis by shear strength reduction technique[J]. Soil and Foundation, 1992, 32(1): 59 – 70.

[29] S. Le roued. Natural slopes and cuts – movement and failure mechanisms[J]. Geotechnique, 2001, 51(3): 197 – 243.

[30] 徐卫亚, 周家文, 邓俊晔等. 基于 Dijkstra 算法的边坡极限平衡法有限元分析[J] 岩土工程学报, 2007, 29(8): 1159 – 1172.

[31] Zienkiewicz O C, Pande G N. Some Useful Forms of Istropic Yield Surfaces for Soil and Rock Mechanics[M]. Finite Elements in Geomechnics. Ed. By Guadehus G. Jchn Wiley & Sons, 1977.

[32] Wanwen, Caoping, Fengtao. Improved genetic algorithm freely searching for the most dangerous slip surface of slope[J]. Journal of Central South University of Technology, 2005, 12(6): 749 – 752.

[33] Fredlund D G, Scoular R E G. Using Limited Equilibrium Concepts in Finite Element Slope Stability Analysis[M]. Slope Stability Engineering, Yagi, Yamanami & Jiang. Rotterdam: Balkema, 1999.

[34] 朱大勇. 边坡临界滑动场及其数值模拟[J]. 岩土工程学报, 1997, 19(1): 63 – 69.

[35] 雷晓艳. 岩土工程数值计算[M]. 北京: 中国铁道出版社, 1999.

[36] Zhu D Y, Lee C F, Jiang H D. Generalised framework of limit equilibrium methods and numerical procedure for slope stability analysis[J]. Geotechnique, 2003, 53(4): 377 – 395.

[37] Low B K, Gilbert R B, Wright S G. . Slope reliability analysis using generalized method of slices[J]. Journal of Geotechnical and Geoenvironmental Engineering, ASCE, 1998, 124(4): 350 – 362.

[38] 章青, 卓家涛. 三峡船闸高边坡稳定分析的界面元法与评判标准[J]. 岩石力学与工程学报, 2000, 19(3): 285 – 288.

[39] 张贵金, 徐卫亚. 岩土工程风险分析及应用综述[J]. 岩土力学, 2005, 26(9): 33 – 36.

[40] 祝玉学. 边坡可靠性分析[M]. 北京: 冶金工业出版社, 1993.

[41] 田军, 邹银生. 非饱和土边坡稳定的可靠性分析[J]. 公路, 2003, (11): 148 – 150.

[42] 谭晓慧. 多滑面边坡的可靠性分析[J]. 岩石力学与工程学报, 2001, 20(6): 822 – 825.

[43] 何本贵. 高陡路堑边坡稳定性分析与可靠性评价[D]. 北京科技大学, 2005.

[44] 贡金鑫. 工程结构可靠度计算方法[M]. 大连: 大连理工大学出版社, 2003.

[45] 李炜. 边坡稳定可靠度研究[D]. 大连理工大学, 2009.

[46] R. Marschallinger, Interface Programs to Enable Full 3 – D Geological Modelling with a Combination of AUTOCAD and SURFER[J]. Computer & Geosciences. 1991, 17(10): 1383 – 1394.

[47] 龚晓南. 土工计算机分析[M]. 北京: 中国建筑工业出版社, 2000.

[48] 冯夏庭，杨成祥. 智能岩石力学(2)——参数与模型的智能辨识[J]. 岩石力学与工程学报，1999，18(3)：350 -353.

[49] 张慧，李立增，王成华. 粒子群算法在确定边坡最小安全系数的应用[J]. 石家庄铁道学院学报，2004，17(2)：1 -5.

[50] 杨挺青，罗文波，徐平，等. 黏弹性理论及应用[M]. 北京：科学出版社，2004

[51] 孔祥言. 高等渗流力学[M]. 合肥：中国科技大学出版社，1999.

[52] 谭红霞，杨宇. 考虑土流变的土坡稳定性分析方法研究[J]. 湘潭大学自然科学学报，2005，27(2)：77 -79.

[53] Adachi T, Oka F. Constitutive equations for normally consolidated clay based on elasto - viscoplasticity[J]. Soils and Foundatins, 1982, 22(4): 57 -70.

[54] Akai K, Adachi T, Ando N. Existence of a unique stress - strain - time relation of clays[J]. Soils Found., Japanese Society of Soil Mechanics and Foundation Engrg, 1999, 15(1): 1 - 16.

[55] Kutter B L, Sathialingam N. Eelastic - viscoplastic modeling of the rate - dependent behaviour of clays[J]. Geotechnique, 1992, 42(3): 427 -441.

[56] 徐曾和，徐小荷. 考虑围岩流变特性的地震尖点型突变模型[J]. 岩土力学，2000，21(1)：24 -27.

[57] 张强勇，李术才，陈卫忠. 断裂破坏强度模型在大型油库山体边坡支护中的应用[J]. 岩石力学与工程学报，2004，23(20)：3504 -3508.

[58] Li S C, Zhu W S, Chen W Z, et al. Mechnical model of multicrack rockmass and its engineering application[J]. Acta Mechanica Sinica, 2000, 16(3): 357 -362.

[59] Keivan N. Discrete versus smeared versus element - embedded crack models on ring problem [J]. Journal of Engineering Mechanics, 2000(4): 307 -314.

[60] 姬栋宇. 生土窑洞结构体系的力学特征[J]. 中国建设教育，2009(10)：23 -25.

[61] 姬栋宇. 窑腿宽度对生土窑洞结构体系的影响分析[J]. 城市建设，2009，48(12)：101 -102.

[62] 童丽萍，韩翠萍. 传统生土窑洞的土拱结构体系[J]. 施工技术，2008，37(6)：113 -118.

[63] 夏永旭. 隧道结构计算与分析[M]. 西安交通大学讲义，1995.

[64] 郭少华. 结构力学[M]. 长沙：中南大学出版社，2002.

[65] 马琳瑜. 中国民居中的拱券结构研究[D]. 西安：西安建筑科技大学，2007.

[66] 任侠. 黄土窑洞弹塑性有限元分析[J]. 兰州铁道学院学报，1993，12(4)：1 -7.

[67] 钱家欢，殷宗泽. 土工数值分析[M]. 北京：中国铁道出版社，1991.

[68] 黄文熙. 土的工程性质[M]. 北京：水利电力出版社，1983.

[69] 姬栋宇，谢湘赞. 弹塑性力学理论在靠崖窑结构中的应用[J]. 中国建设教育，2012(4)：35 - 37.

[70] 姬栋宇. 基于有限差分法在生土建筑中的应用[J]. 水科学与工程技术，2010，162(6)：16 - 18.

[71] 孙炳楠，洪滔. 工程弹塑性力学[M]. 杭州：浙江大学出版社，1998.

[72] 徐秉业，刘信声. 应用弹塑性力学[M]. 北京：清华出版社，1995.

[73] 薛守义. 高等土力学[M]. 北京：中国建材工业出版社，2007.

[74] 陈育民，徐鼎平. FLAC/FLAC3D 基础与工程实例[M]. 北京：中国水利水电出版社，2009.

[75] Itasca Consulting Group. Theory and background. Minnesota：Itasca Consulting Group, Inc, 2002.

[76] Itasca Consulting Group. User's guide. Minnesota：Itasca Consulting Group, Inc, 2002.

[77] Napier J A L, Malan D F. A viscoplastic discontinuum model of time - dependent fracture and seismicity effects in brittle rock[J]. International Journal of Rock Mechanics and Mining Sciences, 1997, 34(7)：1075 - 1089.

[78] Maranini E, Brignoli M. Creep behavior of a weak rock：experimental characterization[J]. International Journal of Rock Mechanics and Mining Sciences, 1999, 36(1)：127 - 138.

[79] Andreas Krella, Eckhard Pippelb, Jorg Woltersdorf, et al. Subcritical crack growth in Al 203 with submicron grain size[J]. Journal of the European Ceramic Society, 2003, 23(1)：81 - 89.

[80] Schultz R A. Growth of geologic fractures into large - strain populations：review of nomenclature, subcritical crack growth and some implications for rock engineering[J]. International Journal of Rock Mechanics and Mining Sciences, 2000, 37(2)：403 - 411.

[81] R. H. C. Wong , K. T. Chaua, C. A. Tang, et al. Analysis of crack coalescence in rock - like materials containing three flaws PartI—experimental approach[J]. International Journal of Rock Mechanics & Mining Sciences, 2001, 38(7)：909 - 924.

[82] 刘公瑞. 岩石混凝土类断裂损伤模型及工程应用[D]. 北京：清华大学，1994.

[83] 于骁中. 岩石和混凝土断裂力学[M]. 长沙：中南工业大学出版社，1991：442 - 482.

[84] 张淳源. 粘弹性断裂力学[M]. 武汉：华中理工大学出版社，1994：49 - 149.

[85] 孙宗颀，饶秋华，王桂尧. 剪切断裂韧度(KII)确定的研究[J]. 岩石力学与工程学报，2002，21(2)：199 - 203.

[86] Steif P S. Crack extension under compressive loading[J]. Engineering Fracture Mechanics.

1984, 20(3): 463 - 473.

[87] 李贺. 岩石断裂力学[M]. 重庆: 重庆大学出版社, 1987.

[88] 杨延毅. 节理裂隙岩体损伤断裂力学模型及其在岩体工程中的应用[D] 北京: 清华大学, 1990.

[89] 姬栋宇. 碳纤维增强塑料加固抗滑桩的阻断分析[J]. 塑料科技, 2019, 47(10): 65 - 69.

[90] 陆毅中. 工程断裂力学[M]. 西安: 西安交通大学出版社, 1986.

[91] Horii H, Nemat - Nasser S. Brittle failure in compression: splitting, faulting and brittle - ductile transition[J]. Phil. Trans. R. Soc. Lond, 1986, 139(A): 337 - 374.

[92] 张福初. 断裂力学[M]. 北京: 中国建筑工业出版社, 1982.

[93] 龙永红. 概率论与数理统计[M] . 北京: 高等教育出版社, 2001.

[94] Zhu, X. Y, Hwang, h. m, Hu, Y. X. Serviceability analysis of water delivery system subject to Scenario earthquake[C]. Prmpo. , Third China - Japan - Us Trilateral Symposium on Lifeline Earthquake Engineering. 1998: 357 - 364.

[95] 高大钊. 土力学可靠性原理[M]. 北京: 中国建筑工业出版社, 1989.

[96] 王家臣. 边坡工程随机分析原理[M]. 北京: 煤炭工业出版社, 1996.

[97] 李秋香. 北方民居[M]. 北京: 清华大学出版社, 2010.

[98] 祁烨, 姬栋宇, 祁德成. 浅谈地坑窑洞的裂缝特征和分类[J]. 中小企业管理与科技, 2013(4): 122.

[99] ZHAO Y G, M. ASCE and LU Zhao - Hui. Fourth - Moment Standardization for Structural Reliability Assessment[J]. Journal of structural engineering ASCE, 2007, 133(7): 916 - 924.

[100] Rosenblueth E. Point estimate for probability moments[J]. Proceedings of the National Academy of Sciences of the United States of America, 1975(72): 3812 - 3814.

[101] MalkawiaI H, Hassan W F, Abdulla FA. Uncertainty and reliability analysis applied to slope stability[J]. Structural Safety, 2000, 22(2): 161 - 187.

[102] 张新培. 建筑结构可靠度分析与设计[M]. 北京: 科学出版社, 2001.

[103] 冷伍明. 基础工程可靠度分析与设计理论[M]. 长沙: 中南大学出版社, 2000.

[104] 周明, 孙树栋. 遗传算法原理及应用[M]. 北京: 国防工业出版社, 1999.

[105] Zhu D Y, Lee C F, Jiang H D. Generalised framework of limit equilibrium methods and numerical procedure for slope stability analysis[J]. Geotechnique, 2003, 53(4): 377 - 395.

[106] Lam L, Fredlund D G. A general limit equilibrium model for three dimensional slope stability

analysis[J]. Can Geotech J, 1993(30): 905 -919.

[107] Goldberg DE. Real - code Genetic Algorithm, Virtual Alphabets and Blocking[J]. Complex Systems, 1991(5): 139 -167.

[108] 肖专文, 张奇志, 梁力等. 遗传进化算法在边坡稳定性分析中的应用[J]. 岩土工程学报, 1998 , 20 (1): 44 -46.

[109] 邹广电. 边坡稳定分析条分法的一个全局优化算法[J]. 岩土工程学报, 2002, 24(3): 309 -31.

[110] 解可新, 韩立兴, 林友联. 最优化方法[M]. 天津: 天津大学出版社, 1997.

[111] 王小平, 曹立明著. 遗传算法——理论、应用与软件实现[M]. 西安交通大学出版社, 2002.

[112] 谢星. 结构性 Q2、Q3 黄土的力学特性对比研究[J]. 西安科技大学学报, 2006, 26 (4): 451 -455.

[113] Neaupane K M, Yamabe T. A fully coupled thermo - hydro - mechanical nonlinear model for a frozen medium[J]. Computers and Geotechnics, 2001(28): 613 -63.

[114] Wu W H, Li X K, Charlier R, et al. A thermo - hydro - mechanical constitutive model and its numerical modeling for unsaturated soils[J]. Computers and Geotechnics, 2004(31): 155 -167.

[115] CAI F, UGAI K. Numerical analysis of rainfall effects on slope stability[J]. International Journal of Geomechanics, ASCE, 2004, 4(2): 69 -78.

[116] Fredlund, D. G. , Xing , A. , Equations for the soil - water characteristic curve[J]. Canadian Geotechnical Journal, 1994(31): 521 -532.

[117] Li A G, Tham L G, Yue Z Q, et al. Comparison of field and laboratory soil - water characteristic curves[J]. Journal of geotechnical and geoenvironmental engineering, 2005, 131(9): 1176 -1180.

[118] Adachi T, Oka F. Constitutive equations for normally consolidated clay based on elasto - viscoplasticity[J]. Soils and Foundatins, 1982, 22(4): 57 -70.

[119] Ito T, Evans K, Kawai K, et al. Hydraulic fracture reopening pressure and the estimation of maximum horizontal stress[J]. Int. J. Rock Mech. Min. Sci. , 1999, 36(6): 811 - 826.

[120] Louis. C Rock hydraulics in rock mechanics [M]. New York: Verlay Wien, 1974: 254 -325.

[121] Cappa F, Guglielmi Y, Fenart P, etal. Hydromechanical interactions in a fractured carbonate reservoir inferred from hydraulic and mechanical measurements[J]. International Journal of Rock Mechanics and Mining Sciences, 2005, 42 (2) : 287 - 306.

[122] Jing Lanru, Feng Xiating. Numerical modeling for coupled thereto - hydro - mechanical andchemical processes (THMC) of geological media — international and Chinese experiences[J]. Chinese Journal of Rock Mechanics and Engineering, 2003, 22(10): 1704 - 1715.

[123] Oda M. An equivalent continuum model for coupled stress and fluid flow analysis in jointed rock masses[J]. Water Resources Research, 1986, 22(13): 1845 - 1856.

[124] Yale D P, Lyons S L and Qin G. Coupled geomechanics - fluid flow modeling in petroleum reservoirs coupled versus uncoupled response [C] // Pacific Rocks 2000, Girard: Rotterdam, 2000: 137 - 144.

[125] Clough A. K. Variable factor of safety in slopes stability analysis by limit equilibrium method [J]. 1st Eng., 1988, 69(3): 149 - 155.

[126] 王在泉. 复杂边坡工程系统稳定性研究[M]. 徐州: 中国矿业大学出版社, 2000.

[127] 王成华, 夏绪勇等. 边坡稳定分析中的临界滑动面搜索方法述评[J]. 四川建筑科学研究, 2002, 28(3): 34 - 39.

[128] 毛昶熙. 渗流计算分析与控制[M]. 北京: 水利电力出版社, 1990.

[129] 姬栋宇, 李正农. 生土建筑在非饱和非稳态渗流分析[J]. 建筑工程技术与设计, 2016, 94(4): 334.

[130] N G W W, Zhan L T, Bao C G, et al. Performance of an unsaturated expansive soil slope subjected to artificial rainfall infiltration. Geotechnique[J]. 2003, 53(2): 143 - 157.

[131] Fredlund, D. G., Xing, A., Equations for the soil - water characteristic curve[J]. Canadian Geotechnical Journal, 1994(31): 521 - 532.

[132] LANE P A, GRIFFITHS D V. Assessment of stability of slopes under drawdown conditions [J]. J. Geotech. Geoenviron. Engng., ASCE, 2000, 126(5): 443 - 450.

[133] 张培文, 刘德富, 黄达海, 等. 饱和 - 非饱和非稳定渗流的数值模拟[J]. 岩土力学, 2003, 24(6): 927 - 930.

[134] 林鸿州. 降雨诱发土质边坡失稳的试验与数值分析研究[D]. 北京: 清华大学, 2007.

[135] 李萍, 张琦, 陈小念. 降雨条件下饱和 - 非饱和土坡的渗流分析[J]. 兰州理工大学学报, 2007, 33(6): 115 - 118.

[136] 龚晓南. 高等土力学[M]. 杭州: 浙江大学出版社, 1996.

[137] 张子达. 边坡降雨入渗的力学特性分析[J]. 中外公路, 2007, 27(2): 27 - 29.

[138] 陈善雄, 陈守义. 考虑降雨的非饱和土边坡稳定性分析方法[J]. 岩土力学, 2001, 22(4): 447 - 450.

[139] 包承钢. 非饱和土的性状及膨胀土边坡稳定性问题[J]. 岩土工程学报, 2004, 26(1):

1 - 15.

[140] 许建聪，尚岳全，郑东宁，等. 强降雨作用下浅层滑坡尖点突变模型研究[J]. 浙江大学学报(工学版)，2005，39(11)：1675 - 1679.

[141] 刘红岩，王媛媛，秦四清. 降雨条件下的基坑边坡渗流场的模拟[J]. 工业建筑，2007，37(10)：50 - 53.

[142] 李兆平，张弥. 考虑降雨入渗影响的非饱和土边坡瞬态安全系数研究[J]. 土木工程学报，2001，34(5)：57 - 61.

[143] 陈仲颐等译著. 非饱和土力学[M]. 北京：中国建筑工业出版社，1997

[144] 杨天鸿. 岩石破裂过程渗透性质及其与应力耦合作用研究[D]. 沈阳：东北大学，2000.

[145] Jing L，Tsang C F，Stephansson O. DCOVALEX—aninternational cooperative research project on mathematical models ofcoupled THM progresses for safety analysis of radioactive waste repositories[J]. Int. J. Rock Mech. Min. Sci. and Geomech. Abstr，1995，32(5)：389 - 398.

[146] Yale D P，Lyons S L and Qin G . Coupled geomechanics - fluid flow modeling in petroleum reservoirs coupled versus uncoupled response[C]. Pacific Rocks 2000，Girard：Rotterdam，2000：137 - 144.

[147] 刘继山. 单裂隙受正应力作用时的渗流公式[J]. 水文地质工程地质，1987(4)：22 - 28.

[148] J. Bear. 多孔介质流体动力学[M]. 李竞生，陈崇希译. 北京：中国建筑工业出版社，1983.

[149] 张有天. 岩石水力学与工程[M]. 北京：中国水利水电出版社，2005：68 - 99.

[150] 汤连生，张鹏程，王思敬，等. 水 - 岩土化学作用与地质灾害防治[J]. 中国地质灾害与防治学报，1999，10(3)：61 - 69.

[151] 冯夏庭，赖户政宏. 化学环境侵蚀下的岩石破裂特性——第一部分：试验研究[J]. 岩石力学与工程学报，2000，19(4)：403 - 407.

[152] Karfakis MG，Askram M. Effects of chemical solutions on rock fracturing[J]. Int. J Rock Mech. Sci. & Geomech，Abstr. 1993，37(7)：1253 - 1259.

[153] Feucht L J，Logan M. Effects of chemically active solutions on shearing behavior of a sandstone[J]. Tectonophysics，1990，175(1)：159 - 176.

[154] 盂祥波. 土质与土力学[M]. 北京：人民交通出版社，2005.

[155] 赵克烈，张世雄，王官宝，等. FLAC - 3D 在深凹边坡形状优化中的应用[J]. 露天采矿技术，2006(1)：25 - 28.

[156] 李新坡，陈永波，王永杰，等. 用强度折减法和FLAC3D计算边坡的安全系数[J]. 山地学报，2006，24(增)：235－239.

[157] 漆泰岳，陆士良，高波. FLAC锚杆单元模型的修正及其应用[J]. 岩石力学与工程学报，2004，23(13)：2197－2200.

[158] 陈育民，徐鼎平. FLAC/FLAC3D基础与工程实例[M]. 北京：中国水利水电出版社，2009.

[159] Itasca Consulting Group Inc.. FLAC3Dusers manual[R]. Minneapolis：Itasca Consulting Group Inc.，2004.

[160] 刘波，韩彦辉. FLAC原理、实例与应用指南[M]. 北京：人民交通出版社，2004：79－90.

[161] 迟世春，关立军. 基于强度折减的拉格朗日差分方法分析土坡稳定性[J]. 岩土工程学报，2004，26(3)：42－46.

[162] HUANG Xiao－hua，FENG Xia－ting，Chen Bing－rui，et al. Discussion on parameters determination of viscoelastic model in creep test[J]. Chinese Journal of Rock Mechanics and Engineering.

[163] Borja R I，Kavazanjian Jr E. A constitutive model for the stress－atrain－time behavior of “wet” clays[J]. Georechnique，1985，35(3)：283－298.

[164] Adachi，T，Oka，F. Mathematical structure of an overstress elasto－viscoplastic model for clay[J]. Soils and Foundation，1982，27(3)：31－42.

[165] Liu H D，Wang C C. Stress－strain－time function of clay[J]. Journal of Geotechnical and Geoenvironment Engineering，ASCE，1998，124（GT4）：289－296.

[166] 朱长岐，郭见杨. 粘土流变特性的再认识及确定长期强度的新方法[J]. 岩土力学，1990，11(2)：15－21.

[167] 张淳源，袁龙蔚. 各种线粘弹体的能量断裂判据[J]. 湘潭大学学报，1980，(2)：69－83.

[168] 蒋斌松，蔡美峰，贺永年，韩立军. 深部岩体非线性Kelvin蠕变变形的混沌行为[J]. 岩石力学与工程学报，2006，25(9)：1862－1867.

[169] 殷德顺，任俊娟，和成亮，等. 一种新的岩土流变模型元件[J]. 岩石力学与工程学报，2007，26(9)：1899－1903.

[170] 陈沅江，潘长良，曹平，等. 软岩流变的一种新力学模型[J]. 岩土力学，2003，24(2)：209－214.

[171] 赵明华，肖燕，陈昌富. 软土流变特性的室内试验与改进的西原模型[J]. 湖南大学学报，2004，31(1)：48－51.

[172] 袁静，龚晓南，益德清. 岩土流变模型的比较研究[J]. 岩石力学与工程学报，2001，20(6)：772－779.

[173] 袁海平，曹平，许万忠，等. 岩石黏弹塑性本构关系及改进的 Burgers 蠕变模型[J]. 岩土工程学报，2006，28(6)：796－799.

[174] 南京工学院数学教研组. 积分变换[M]. 北京：高等教育出版社，1989.

[175] Adachi，T，Oka，F. Mathematical structure of an overstress elasto－viscoplastic model for clay[J]. Soils and Foundation，1982，27(3)：31－42.

[176] Okubo S，Fukui K，Nishimatsu Y. Control performance of servo－controlled testing machines in compression and creep tests[J]. International Journal of Rock Mechanics and Mining Sciences & Geomechanics Abstracts，1993，30(3)：247－255.

[177] 邓广哲，朱维申. 岩体裂隙非线性蠕变过程特性与应用研究[J]. 岩石力学与工程学报，1998，17(4)：358－365.

[178] 韦立德. 岩石力学损伤和流变本构模型研究[D]. 南京：河海大学，2005.

[179] 傅作新. 工程徐变力学[M]. 北京：水利电力出版社，1985.

[180] Sekguchi H. Rheological characteristics of clay[A]. In：Proc. 9th ICSMFE[C]. Tokyo，1997(1)：289－292.

[181] Kavazanjian Jr E，Mitchell J K. Time－dependent deformation behavior of clays[J]. Journal of Geotechnical and Geoenvironmental Engineering，ASCE，1980，106：611－631.

[182] 王来贵，何峰，刘向峰，于永江. 岩石试件非线性蠕变模型及其稳定性分析[J]. 岩石力学与工程学报. 2004，23.(10). 1640－1642.

[183] 孙钧. 岩石流变力学及其工程应用研究的若干进展[J]. 岩石力学与工程学报，2007，26(6)：1081－1106.

[184] 陈晓斌，张家生，安关峰. 红砂岩粗粒土流变机理试验研究[J]. 矿冶工程，2006(6)：16－19.

[185] 姬栋宇. 腐蚀土水环境中土锚结构蠕变特性的研究[J]. 工业建筑. 2019，49(8)：137－141.

[186] 袁海平. 诱导条件下节理岩体流变断裂理论与应用研究[D]. 长沙：中南大学，2006.

[187] 刘吉福，莫海鸿，李翔等. 两种新的沉降推算方法[J]. 岩土力学，2008，29(1)：140－144.

[188] 孙满利，王旭东，李最雄，谌文武，张鲁. 木质锚杆加固生土遗址研究[J]. 岩土工程学报，2006，28(12)：2156－2158.

[189] 李最雄. 锚固支护在土遗址保护工程中的应用与分析[J]. 第四届中国岩石锚固与注浆学术会议论文集，2007(1)：284－287.

[190] 孙秀波，蒋永臻，刘茂华，朱广山. 抚顺市区地裂缝特征及形成机理分析[J]. 中国地质灾害与防治学报，2008，19(4)：42 - 45.

[191] 张光辉. 土遗址加固保护研究[D]. 西安建筑科技大学，2006.

[192] 程良奎，范景伦，韩军，等. 岩土锚固[M]. 北京：中国建筑工业出版社，2003.

[193] 张管宏. 交河故城崖体稳定性及崩塌机理研究[D]. 兰州大学，2007.

[194] 贾金青，郑卫峰. 预应力锚杆柔性支护法的研究与应用[J]. 岩土工程学报，2005，27(11)：1257 - 1261.

[195] 康红普，姜铁明，高富强. 预应力在锚杆支护中的应用[J]. 煤炭学报，2007，32(7)：680 - 685.

[196] 韦立德，叶志华，陈从新，等. 一种锚杆计算模型及其在岩坡锚杆支护中的应用[J]. 岩土工程学报，2008，30(5)：732 - 738.

[197] 姬栋宇，刘源. 一种新型的加固措施在绿色建筑中的应用[J]. 城市发展研究，2012(3)：38 - 44.

[198] 姬栋宇. 新型加固措施在生土窑洞中的应用[J]. 中国建设教育，2012(3)：82 - 84.

[199] 蔡美峰，何满朝等. 岩石力学与工程[M]. 北京：科学出版社，2002.

图书在版编目(CIP)数据

流固耦合作用下生土窑洞稳定性研究 / 姬栋宇著.
—长沙：中南大学出版社，2020.9
ISBN 978 - 7 - 5487 - 4084 - 1

Ⅰ.①流… Ⅱ.①姬… Ⅲ.①耦合－作用－窑洞－稳定性－研究 Ⅳ.①TU929

中国版本图书馆 CIP 数据核字(2020)第 135972 号

流固耦合作用下生土窑洞稳定性研究

姬栋宇 著

□责任编辑 周兴武
□责任印制 周 颖
□出版发行 中南大学出版社
社址：长沙市麓山南路 邮编：410083
发行科电话：0731 - 88876770 传真：0731 - 88710482
□印 装 湖南省众鑫印务有限公司

□开 本 710 mm×1000 mm 1/16 □印张 10 □字数 176 千字
□版 次 2020 年 9 月第 1 版 □2020 年 9 月第 1 次印刷
□书 号 ISBN 978 - 7 - 5487 - 4084 - 1
□定 价 78.00 元